海洋资源开发系列丛书

国家重大工程攻关专项 中华人民共和国工业和信息化部、国家973
计划项目及国家科技重大专项成果

海洋装备风险评估技术及应用

梁彧卿　吴世博　李志成　余建星　王福程　编著

天津大学出版社
TIANJIN UNIVERSITY PRESS

图书在版编目（CIP）数据

海洋装备风险评估技术及应用 / 梁彧卿等编著. --
天津：天津大学出版社, 2023.11
　（海洋资源开发系列丛书）
　国家重大工程攻关专项　中华人民共和国工业和信息
化部、国家973计划项目及国家科技重大专项成果
　ISBN 978-7-5618-7581-0

　Ⅰ.①海… Ⅱ.①梁… Ⅲ.①海洋工程－工程设备－
风险评价 Ⅳ.①P75

中国国家版本馆CIP数据核字(2023)第165627号

出版发行	天津大学出版社
地　　址	天津市卫津路92号天津大学内（邮编：300072）
电　　话	发行部：022-27403647
网　　址	www.tjupress.com.cn
印　　刷	北京虎彩文化传播有限公司
经　　销	全国各地新华书店
开　　本	787mm×1092mm　1/16
印　　张	9.25
字　　数	214千
版　　次	2023年11月第1版
印　　次	2023年11月第1次
定　　价	49.00元

编著委员会

前　言

　　海洋工程在现代社会中具有重要意义,引领着人类海洋文明的发展方向。海洋装备作为海洋工程建设发展以及海洋资源开发利用的重要组成部分,在国民经济尤其是海洋经济发展中发挥着重要作用,同时也是我国综合国力提升及海洋强国建设的重要保障。海洋装备具有技术要求高、投资成本高、施工难度大、随机因素和偶发极端载荷事件多等特点,在恶劣环境和极端海况下极易出现损伤破坏,导致系统整体或局部失效,其安全性面临极大挑战。为了保障海洋装备的安全运营,防止或减轻不可接受风险,有必要对典型海洋装备及运营风险进行识别与分析,针对具体装备及生产作业的实际条件,从工艺流程、环境预测、组织管理、设备运行、人员操作等多个方面进行系统性辨识与评估。

　　工程风险评估技术在建筑、化工、航空、航天、新能源、海洋工程等领域都得到了广泛的应用,并取得了丰富的成果。本书编写组在参考国内外现有文献资料的基础上,将所完成的国家重大工程攻关专项、国家"973计划"项目、"十三五"国家科技重大专项、工业和信息化部高技术船舶科研项目以及海洋工程装备科研项目等课题的相关研究成果反映在本书中。本书针对海底管道泄漏风险、中型邮轮玻璃幕墙失效风险、浮式液化天然气生产储卸装置全生命周期风险、浮式生产储存卸货装置火灾爆炸风险、海洋立管失效风险、液化天然气储罐火灾爆炸风险等典型装备风险评估方面开展的研究工作进行了介绍,以期为海洋工程领域风险评估与安全防控工作提供有效的参考和指导。

　　本书在编写过程中,参阅了国内外学者关于工程风险评估与控制相关的大量著作;在出版过程中,得到了天津大学出版社的大力支持,在此对相关同志们的努力奉献和专家学者们的贡献表示衷心感谢!

　　由于时间仓促,书中难免存在疏漏之处,敬请各位专家、读者惠予指正。

作者

2023年6月

前　言

目　　录

第1章 风险评估相关理论

1.1 风险评估概述

以研究风险问题著称的美国学者 A. H. Willet(1901)在他的博士论文中最先提出"风险是关于不愿发生的事件发生的不确定性的客观体现",这是最早对风险进行的严谨学术定义。

法国学者 Henri Fayol(1916)在《工业管理与一般管理》中首次提出了现代风险管理的概念,他虽然在企业安全作业中融入了风险管理的思想,但是没有形成一套成熟完整的研究体系。

现代风险管理理论起源于第一次世界大战中的德国,发展于第二次世界大战后西方社会的重建。"一战"使德国饱受通货膨胀的影响,许多企业面临倒闭,挣扎在生死边缘。Litner(1915)在《企业风险论》中提出了企业风险的研究,与此同时,许多经济政策应运而生。

20 世纪 30 年代,比较系统的风险管理理论伴随着美国国内严重的通货膨胀发展起来。严重的经济危机造成美国约 40% 的银行和企业破产,美国经济停滞甚至衰退,美国学者开始深入研究风险管理问题。随着经济环境的变化,研究的需求也日益增加。终于在 1932 年,保险经纪人协会在纽约正式成立,越来越多的大公司开始研究风险管理的理论和实践问题,预示着风险管理科学的兴起。

20 世纪 50 年代,一些大企业的高层决策者开始从公司重大损失中陆续意识到风险管理的重要性。Gallgaher(1952)在其调查报告《费用控制的新时期——风险管理》中首次使用"风险管理"一词。

20 世纪 60 年代,风险管理学科成立。这也预示着风险管理作为一项特殊职能日益系统化、专业化,用于评估那些不确定事件的发生概率和损失。

20 世纪 70 年代以后,逐渐掀起了全球性的风险管理运动,风险管理理论在全球得到了广泛传播。

20 世纪末期,全国性和地方性的风险管理协会陆续在美国、英国、法国、德国、日本等发达国家建立起来。随着经济和技术的发展,其理论研究也不断深入。目前,风险管理在国际工程领域应用较多,主要涉及工程保险和工程担保,不过许多分析方法尚处于探讨之中,处于发展深入阶段。

风险评估是风险管理的重要环节,它包括风险分析和风险评价。风险评估最早起源于可靠性分析,是对给定系统进行风险辨识、概率计算、后果估计的全过程。根据一定的标准,评估风险元素的危害程度或发生概率,在此基础上进行风险管控,规避或削弱损失。

定量风险评估是一种对某一设施或作业活动中发生的事故频率和后果进行量化的系统

方法,也是进行风险管理的一种技术手段,可以帮助相关方更好地理解其所面临的风险,以实施更有针对性的风险控制措施,并为决策提供输入信息。

在定量风险评估的分析过程中,不仅要求对事故的原因、过程、后果和既有安全措施等进行定性分析,而且要求对事故频率和后果进行定量分析,并将分析结果与风险可接受准则进行比较,判断风险的可接受性。若不满足风险可接受准则要求,应提出降低风险的建议措施。

风险可接受准则代表在特定时间内可以接受的总体风险等级,它给风险分析和制定风险管理措施提供了依据,因此需要在风险分析之前就确定风险可接受准则。工业上通常采用最低合理可行(As Low As Reasonably Practicable, ALARP)原则作为风险可接受准则。ALARP 原则可以理解为工业中任何系统必然存在风险,不能通过提前采取措施来从根本上避免风险,但是在减小风险的过程中,风险水平越低,降低成本就越大,而且呈现指数上升关系,所以就需要在风险水平和成本之间做一个折中,使风险满足尽可能低的要求,并同时介于可接受风险和不可接受风险之间的区域(图 1-1)。

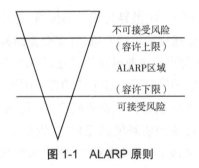

图 1-1　ALARP 原则

1.2　风险分析方法

1.2.1　工作-风险分解结构

工作-风险分解结构(Work Breakdown Structure Risk Breakdown Structure, WBS-RBS)是目前在工程建设中运用比较广泛的风险辨识法。

工作分解结构(Work Breakdown Structure, WBS)是指工作分解树,作业树中每一独立的单位作为一个作业包,通过逐层分解作业包最终形成 WBS 树形。风险分解结构(Risk Breakdown Structure, RBS)是指风险分解树,是在 WBS 及其原理的基础上构建演变来的。

由于 WBS 与 RBS 两者采用相同的原理进行结构的分解,因此可以通过将两者交叉,构建 WBS-RBS 矩阵,从而实现对项目风险及其转化条件的分析判断。

运用 WBS-RBS 方法进行风险辨识包括以下几个工作步骤。

(1)明确风险辨识的范围,即根据具体的工程项目风险管理,结合与之相似的工程,参考相关资料,明确风险辨识的对象和边际。

（2）构建 WBS 分解图（图 1-2）。按照各层工作在施工结构、工艺结构和作业结构等上的关系，把工作自上而下一层层分解，直到将工程项目分解成为合适的工作单元，即无法继续分解的基本工作事件。

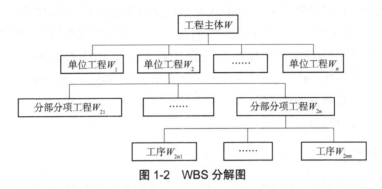

图 1-2　WBS 分解图

（3）构建 RBS 分解图（图 1-3）。风险分解结构的建立，应根据项目目标及性质，将整个项目可能存在的风险因素按照一定的层级向下延伸，一直细化到各类风险属性类型。

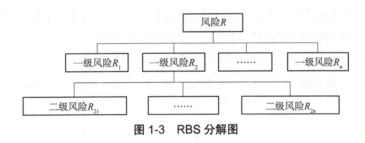

图 1-3　RBS 分解图

（4）构建风险辨识矩阵。在完成 WBS 和 RBS 后，将两者最细化的子项目联系起来构造一个矩阵结构，既便于辨识风险，同时也能建立起风险与活动的映射关系。通过建立矩阵，将风险填入每个矩阵的方格中，清晰地了解和掌握每项活动可能发生的风险以及风险发生的来源。

（5）判断风险的存在性和风险转换的条件，按照风险辨识矩阵元素，逐一判断第 i 个作业包的第 j 种风险是否存在或者是否存在转化的可能，存在则为 1，不存在或者影响极小则为 0，通过对矩阵中的风险进行整理可明确在项目实施的寿命周期内所需关注的风险及其所处的项目阶段。

1.2.2　失效模式与影响分析

失效模式与影响分析（Failure Mode and Effect Analysis，FMEA）由航天航空工业作为正式设计方法而开发。FMEA 在确定研究对象后，通过辨识并评估其潜在失效模式，针对发生度较高且后果严重的风险采取措施，从而提高系统安全性与可靠性。

20 世纪 60 年代中期，美国航天局首次提出 FMEA 的概念。20 世纪 70 年代，美国军方制定了使用 FMEA 的规范和细则，FMEA 的应用逐步得到推广。随后，美国汽车行业开始使用 FMEA 进行设计评审并编写出版了多个版本的 FMEA 手册，此类手册已经成为 QS

9000质量体系要求文件的参考手册之一。目前，FMEA被广泛应用于包括船舶工程在内的多个领域。我国于20世纪80年代开始引进使用FMEA进行风险评估，经过多年的发展和完善，FMEA逐步被风险评估专家认可，并成为各个领域有效的可靠性分析方法。

作为一种前瞻性风险管理工具，FMEA通过层次分解得到研究对象的组成部分，分析底层构件风险源，并针对后果严重程度、发生可能性、产生原因被探测的难易程度进行量化评估。FMEA评估将得到后果严重度S（Severity）、事件发生度O（Occurrence）、危险探测度D（Detection）三类参数，由下式计算风险优先度RPN（Risk Priority Number），并以此为标准确定对各风险源采取措施的优先级。

$$RPN = S \times O \times D \tag{1-1}$$

1.2.3　故障树分析

故障树分析方法被广泛应用于海洋工程、航空工业等领域的风险评估与故障诊断中，在故障树分析中，根据逻辑关系，自顶事件由上而下逐级确定中间事件和底事件，最终构造目标系统的故障树模型。

故障树的事件类型有顶事件、中间事件、基本事件（底事件）等，如图1-4所示。

（1）顶事件：故障树研究的最终对象，位于故障树的顶端。

（2）中间事件：连接顶事件与底事件的事件。

（3）基本事件：由顶事件依据逻辑关系逐层推理，识别出的导致系统故障的最底层的事件，又称底事件。

顶事件　　　　　　中间事件　　　　基本事件（底事件）

图1-4　故障树的事件类型

在故障树模型中，以不同的逻辑门表示各事件间的逻辑关系，常见的逻辑门有与门、或门等，如图1-5所示。

（1）与门表示逻辑门的所有输入事件均发生，才会导致逻辑门的输出事件发生。

（2）或门表示逻辑门的所有输入事件中任意一个或多个事件发生，均会导致逻辑门的输出事件发生。

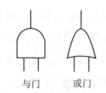

与门　　　或门

图1-5　故障树逻辑门种类

　　根据故障树结构模型可直接进行定性分析,计算顶事件发生的最小割集和最小径集。在获知每个基本事件概率值的条件下,可进一步执行定量概率分析,通过以下两式计算顶事件的发生概率。同时,可确定基本事件或最小割集对顶事件发生的重要度。

对于逻辑与门,有

$$p(E_{\text{upper}}) = \prod_{i=1}^{n} p(E_i) \tag{1-2}$$

对于逻辑或门,有

$$p(E_{\text{upper}}) = 1 - \prod_{i=1}^{n}(1 - p(E_i)) \tag{1-3}$$

式中:$p(E_{\text{upper}})$为顶事件的概率值;$p(E_i)$为第 i 个基本事件的概率值。

1.2.4　贝叶斯网络分析

1.2.4.1　概率论基本理论

　　随机现象是在一定条件下,大量试验后结果呈现规律性现象。概率论是对随机现象进行研究的理论。

　　联合概率分布是指两个或两个以上随机变量的概率分布。若(X,Y)为二维离散型随机变量,则 X、Y 的联合概率分布为

$$P\{X = x_i, Y = y_i\} = p_{ij} \tag{1-4}$$

式中:p_{ij} 为 X、Y 的联合概率,$p_{ij} \geq 0$,$\sum_i \sum_j p_{ij} = 1$。

　　边缘概率分布是指多维随机变量中部分变量的概率分布。若联合概率密度函数为 $p(x,y)$,则 x 的边缘概率分布为

$$P(x) = \sum_y P(x,y) = \sum_y P(x|y)P(y) \tag{1-5}$$

　　对于链规则,事件 x、y 的联合概率分布为 $P(x,y)$,可得

$$P(x,y) = P(y|x)\,p(x) = P(x|y)\,p(y) \tag{1-6}$$

　　推广到 n 维联合概率分布,有

$$P(x_1, x_2, \cdots, x_n) = P(x_1)P(x_2|x_1)\cdots P(x_n|x_1, x_2, \cdots, x_{n-1}) \tag{1-7}$$

　　全概率公式为

$$\begin{aligned} P(y) &= P(y|x_1)P(x_1) + P(y|x_2)P(x_2) + \cdots + P(y|x_n)P(x_n) \\ &= \sum_{i=1}^{n} P(y|x_i)P(x_i) \end{aligned} \tag{1-8}$$

　　贝叶斯定理用于计算贝叶斯网络(Bayesian Network,BN)中的条件概率:

$$P(y|x) = \frac{P(y \cap x)}{P(x)} = \frac{P(x|y)P(y)}{P(x)} \tag{1-9}$$

式中:$P(y|x)$为 x 发生时 y 发生的概率;$P(y \cap x)$为事件 x 和 y 同时发生的概率;$P(x)$为事件 x 发生的概率;$P(y)$为事件 y 发生的概率;$P(x|y)$为 y 发生时 x 发生的概率。

在贝叶斯网络中，y 是估计的概率分布，x 是证据（已知信息），$P(y|x)$ 是后验概率，$P(y)$ 是先验概率。

先验概率是指根据资料统计、经验分析、主观判断等确定的各事件概率，在贝叶斯公式中一般作为原因出现，但是这种概率未经过实际验证，是检验之前的概率。先验概率包括客观先验概率和主观先验概率。客观先验概率是指根据历史数据、相关资料和统计信息等计算总结得出的概率；主观先验概率是指现有数据不足或缺失、参考资料较少从而无法得出完整的概率信息的情况下，只能够通过专业人员的相关经验、主观判断和反复讨论等获得具有参考价值的概率。

后验概率是指通过相关检测试验导入证据，根据贝叶斯定理和可能性函数对之前的先验概率进行修正而得到的更加合理的概率。

1.2.4.2 贝叶斯网络基本概念

贝叶斯网络是基于贝叶斯概率公式发展起来的通过可视化的网络图表现随机事件间相互关系的方法。贝叶斯网络可用一个二元组 $<G, P>$ 表示，其中 $G=<V, R>$ 表示有向无环图（Directed Acyclic Graph，DAG），G 中节点数为 n，$V=\{X_1, X_2, \cdots, X_n\}$ 表示节点（随机事件）的集合；R 是反映随机事件间逻辑关系（一般为因果关系）的有向边集合。在有向边 $<X_j, X_i>$ 中，X_i 为子节点，X_j 称为 X_i 的父节点，用 $\pi(X_i)$ 表示节点 X_i 的父节点集合。没有父节点的节点称为根节点，没有子节点的节点称为叶节点，节点间的定量因果关系通过条件概率表（Conditional Probability Table，CPT）来表示。

已知根节点的先验概率分布和其他节点的条件概率分布，基于链式法则，节点间的联合概率分布为

$$P(V) = P(X_1, X_2, \cdots, X_n) = \prod_{i=1}^{n} P\left(X_i | \pi(X_i)\right) \tag{1-10}$$

节点 X_i 的概率为

$$P(X_i) = \sum_{X_j, j \neq i} P(V) \tag{1-11}$$

在给定的新证据 E 条件下，事件 X_i 的后验概率为

$$P(X_i|E) = \frac{P(X_i, E)}{P(E)} = \frac{P(E|X_i)P(X_i)}{\sum_V P(E|X_i)P(X_i)} \tag{1-12}$$

敏感性分析是系统失效关键节点辨识的重要手段，常用的敏感性分析方法包括变异率法（Rate of Variation，RoV）、Birnbaum 重要度分析法（Birnbaum Importance Analysis，BIM）以及风险减弱值法（Risk Reduction Value Method，RRVW），其中变异率法是贝叶斯网络分析中的更优方法。通过节点的先验概率和后验概率可计算根节点概率的变异率，即

$$RoV(X_i) = \frac{\varphi(X_i) - \phi(X_i)}{\phi(X_i)} \tag{1-13}$$

式中：$\varphi(X_i)$ 为后验概率；$\phi(X_i)$ 为先验概率。

贝叶斯网络分析常按图 1-6 的步骤进行。

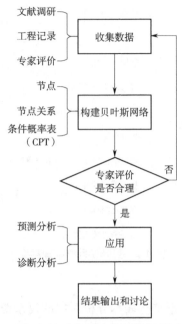

图 1-6　贝叶斯网络分析基本流程

1.2.4.3　贝叶斯网络推理

贝叶斯网络推理是指根据已有的网络模型和参数,引入证据后推导相关节点取值和变化情况的过程。根据解决问题的不同分为后验概率问题、最大后验假设问题和最大可能解释问题。

后验概率问题是指根据贝叶斯网络中变量的取值来计算其他变量的后验概率分布,一般用于计算系统整体的概率分布。最大后验假设问题是指根据已有的证据分析变量后验概率状态组合最大的情况,一般用于分析系统中构成部件的重要度。最大可能解释问题是指在已有证据相一致的情况下对概率最大的状态组合进行解释。

贝叶斯网络推理根据方向的不同分为正向推理(预测分析、因果分析)、反向推理(诊断分析)、解释推理。

正向推理是指根据父节点状态分析子节点状态的过程。正向推理是基于已观察到变量的先验概率推导尚未观察到的其他变量后验概率分布,因而称为预测分析;同时,由于父节点和子节点存在因果依赖关系,即从原因到结果的分析过程,因而又称因果分析。反向推理与正向推理方向相反,是指根据子节点的状态分析父节点状态的过程。从结果推导原因的过程与医学上的诊断相类似,因而反向推理又称诊断分析。解释推理是综合正向推理和反向推理的优点用于解释贝叶斯网络中变量概率分布情况的推理过程。

贝叶斯网络推理根据方法的不同分为精确推理和近似推理。精确推理是指通过精确计算得到变量后验概率的方法;近似推理是指在满足精度要求和推理正确性的条件下,降低推理精度从而提高计算效率的方法,如图 1-7 所示。

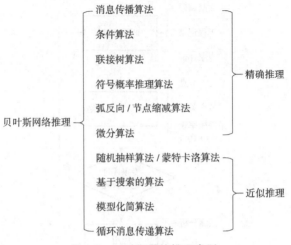

图 1-7　贝叶斯网络推理类型

1.2.4.4　故障树转化方法

故障树通过自上而下的树形结构表示分析对象的复杂逻辑关系,但由于基于事件二态性的假设,难以解决多状态事件的可靠性分析问题,故存在一定的局限性。

而贝叶斯网络能通过建立多态节点来分析多态系统,但前期建模过程相对复杂。因此,通过逻辑分析建立故障树,而后转化为多态贝叶斯网络的分析方法,不仅能够分析多态系统,而且能够避免贝叶斯复杂的建模过程。

故障树模型转化为贝叶斯模型包括以下五个方面。

1. 事件转化

故障树中的事件(包括基本事件、中间事件、顶事件)转化为贝叶斯网络中的节点——基本事件转化为根节点,顶事件转化为叶节点,中间事件转化为对应根节点的子节点。若存在原有多个底事件表示同一事件的不同状态,则只需建立一个根节点。

2. 逻辑门转化

故障树中通过"与""或"两种逻辑门表达事件关系,而贝叶斯网络通过条件概率表表示事件关系。对二态事件连接的逻辑门转化如图 1-8 和图 1-9 所示。

随着逻辑门下连接事件数量的增加,逻辑门的维度也随之增加,因此在建树过程中要尽可能避免故障树结构的扁平化,要使故障树逻辑层次明显,以提高贝叶斯网络的转化效率。

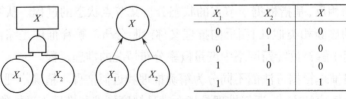

X_1	X_2	X
0	0	0
0	1	0
1	0	0
1	1	1

图 1-8　与门的贝叶斯转化

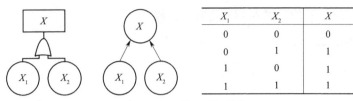

X_1	X_2	X
0	0	0
0	1	1
1	0	1
1	1	1

图 1-9　或门的贝叶斯转化

3. 基本事件失效概率转化

由于故障树中事件仅有正常和失效两个状态,但贝叶斯网络中可以涉及事件的多个状态,因此需要对事件的失效状态进行细分。对于三态系统分为轻微失效状态和严重失效状态;对于四态系统分为轻度失效、中度失效和重度失效。随着失效状态的细分,失效概率也应进行相应的划分。此处的划分比例通过专家评价得出。而后将故障树中基本事件的失效概率转化为贝叶斯网络中对应的根节点先验概率。

4. 中间事件和顶事件概率转化

在故障树中,中间事件和顶事件的概率由逻辑门的布尔运算得到,但对于多状态情况,布尔运算并不能直接转化为贝叶斯网络中的条件概率表,需要通过专家评价确定。

在故障树转化为贝叶斯网络的过程中,需要两次专家评价的介入。第一次需要对基本事件的失效概率进一步划分,确定划分比例;第二次需要对中间事件和顶事件的条件概率表进行评价,确定传递算法。

5. 分析方式转化

在故障树中,通过计算顶事件概率和基本事件重要度,分析系统整体失效和薄弱环节,在建立贝叶斯结构输入节点信息和条件概率表后,即完成对贝叶斯结构的构建,这时可以进行贝叶斯网络的正向推理分析叶节点(对应故障树中的顶事件)各状态的发生概率,进行反向推理分析推导根节点(对应故障树中的基本事件)的重要度。重要度可根据系统处于不同状态下根节点对应的可靠度排序确定。同时,也可以进行解释推理,推导叶节点失效状态较大时各节点的概率组合形式。

1.3　多准则决策方法

1.3.1　层次分析法

层次分析法(Analytic Hierarchy Process, AHP)是一种实用的多准则决策方法,它的出现可以追溯到 20 世纪 70 年代,最早是由美国著名运筹学家 T. L. Saaty 提出的。AHP 将定量方法引入管理决策中,很好地解决了定性分析的缺陷,使多准则决策变得更加实用和便捷。

首先,AHP 建立了包含目标层、准则层、决策层的层次结构,并根据表 1-1 所示标度构造两两比较的判断矩阵 $\boldsymbol{A} = (a_{ij})_{n \times n}$。

其次,通过以下两式对判断矩阵进行一致性检验,若一致性比例小于 0.1,则认为该判断矩阵通过一致性检验,否则需要对判断矩阵进行修正。

$$CI = \frac{\lambda_{\max} - n}{n-1} \tag{1-14}$$

$$CR = \frac{CI}{RI} \tag{1-15}$$

式中:$\lambda_{\max}$ 为判断矩阵的最大特征值;n 为指标个数;CI 为一致性指标(Consistency Index);RI 为平均随机一致性指标(Random Index),取值见表 1-2;CR 为一致性比例(Consistent Ratio)。

表 1-1　判断矩阵标度

标度	含义
1	i 和 j 同等重要
3	i 比 j 略重要
5	i 比 j 明显重要
7	i 与 j 相比,十分重要
9	i 与 j 相比,极其重要
2, 4, 6, 8	上述标度的中间值
倒数	如因素 i 与因素 j 相比重要度为 a_{ij},则因素 j 与因素 i 相比重要度为 $1/a_{ij}$

表 1-2　平均随机一致性指标

n	RI	n	RI	n	RI	n	RI
1	0.00	3	0.52	5	1.12	7	1.36
2	0.00	4	0.89	6	1.24	8	1.41

最后,求得判断矩阵最大特征值对应的特征向量并归一化,即为各指标的相对权重。

1.3.2　最优最劣法

最优最劣法(Best and Worst Method,BWM)是基于两两比较的多准则决策法,根据决策者的偏好对各准则进行优先级评估,评估过程简洁高效,通常包括 5 个基本步骤:

(1)确定准则集合 $C=\{c_1, c_2, \cdots, c_n\}$;

(2)确定最优准则(c_B)与最劣准则(c_W);

(3)以表 1-3 作为评估标度,确定 c_B 较全部准则的偏好程度,得到向量 $A_{BO}=(a_{B1}, a_{B2}, \cdots, a_{Bn})$;

(4)确定全部准则较 c_W 的偏好程度,得到向量 $A_{OW}=(a_{1W}, a_{2W}, \cdots, a_{nW})^T$,$a_{BW}$ 为 c_B 较 c_W 的偏好程度;

(5)由数学规划求解准则权重值 $W=\{w_1, w_2, \cdots, w_n\}$。

针对数学规划求解,Rezaei 提出了一种线性模型,即

$$\min \max \left\{ \left| w_B - a_{Bj} w_j \right|, \left| w_j - a_{jW} w_W \right| \right\}$$
$$\text{s.t.} \sum_j w_j = 1, \quad w_j \geq 0 \quad (j=1,2,\cdots,n) \tag{1-16}$$

转化后得

$$\min \xi^L$$

$$\text{s.t.} \quad \left| w_B - a_{Bj} w_j \right| \le \xi^L \quad (j = 1, 2, \cdots, n)$$

$$\left| w_j - a_{jW} w_W \right| \le \xi^L \quad (j = 1, 2, \cdots, n) \tag{1-17}$$

$$\sum_j w_j = 1, w_j \ge 0 \quad (j = 1, 2, \cdots, n)$$

式中：w_B 为最优准则的权重；w_W 为最劣准则的权重。

表 1-3　BWM 评价标度

评分	标准
1	同等重要
2	介于同等重要和中度重要之间
3	中度重要
4	介于中度重要和高度重要之间
5	高度重要
6	介于高度重要和非常重要之间
7	非常重要
8	介于非常重要和完全重要之间
9	完全重要

BWM 的优势在于较 AHP 和网络分析法（Analytic Network Process，ANP）而言，风险源个数相同时，两两比较次数将大大减少，提高了赋权评估的效率，同时所得结果一致性更高。

1.4　专家知识转化方法

1.4.1　模糊集理论

模糊集理论由 Zadeh 于 1965 年提出，用于处理存在模糊性和不确定性的问题。在普通集合中，论域 U 内的所有元素与定义的某集合的关系表现为绝对的"属于"或"不属于"的关系，集合内与集合外的元素具有清晰明显的"界限"。然而，在模糊集理论中，模糊集定义为具有连续隶属度的元素集合，将绝对的、离散的从属关系延伸为具有连续性的从属关系，实现了对模糊不确定性的数学表达。

【定义】　设 x 为论域 U 内的任意元素，x 对于论域 U 上的集合 $\tilde{A}$ 的隶属度可通过隶属度函数 $\mu_{\tilde{A}}(x)$ 表示，则 $\tilde{A}$ 可称为论域 U 上的模糊集合，即

$$\tilde{A} = \left\{ \left(x, \mu_{\tilde{A}}(x) \right) \mid x \in U, \mu_{\tilde{A}} \in [0,1] \right\} \tag{1-18}$$

其中，函数 $\mu_{\tilde{A}}(x)$ 表示元素 x 对于模糊集 $\tilde{A}$ 的隶属度，$\mu_{\tilde{A}}(x)$ 的取值越接近于 1，表明元素 x

对集合 $\tilde{A}$ 的隶属度越高。如果 $\mu_{\tilde{A}}(x)$ 的取值只能为 0 或 1，则模糊集 $\tilde{A}$ 退化为普通集合。

模糊集理论运用模糊数处理专家评判语义中诸如"很可能发生""几乎不可能发生"等的模糊信息。隶属度函数 $\mu_{\tilde{A}}(x)$ 可以定义为不同的形式，根据函数 $\mu_{\tilde{A}}(x)$ 在坐标系下的图像形状，常用的模糊隶属度函数包括三角形、梯形、高斯型和柯西型等不同类型。

1.4.1.1　三角模糊数

三角模糊数的隶属度函数（图 1-10）为

$$f_{\tilde{M}}(x)=\begin{cases}(x-l)/(q-l) & (l<x\leqslant q)\\(p-x)/(p-q) & (q<x\leqslant p)\\0 & \text{其他}\end{cases}\qquad(1\text{-}19)$$

式中：$f_{\tilde{M}}(x)$ 为隶属度函数；x 为研究范围中的元素；l、q 和 p 分别为模糊数的最小可能值、中等可能值和最大可能值。

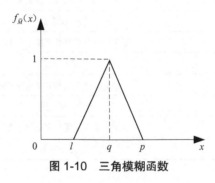

图 1-10　三角模糊函数

1.4.1.2　梯形模糊数

梯形模糊数的隶属度函数（图 1-11）为

$$f_{\tilde{M}}(x)=\begin{cases}(x-a)/(b-a) & (a<x\leqslant b)\\1 & (b<x\leqslant c)\\(d-x)/(d-c) & (c<x\leqslant d)\\0 & \text{其他}\end{cases}\qquad(1\text{-}20)$$

式中：$f_{\tilde{M}}(x)$ 为隶属度函数；x 为研究范围中的元素；a、b、c 和 d 为梯形模糊数的四个定义点，区间 (b,c) 为最可能取值区间，区间 (a,d) 为最大取值区间。

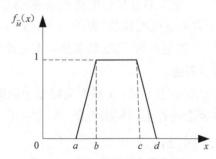

图 1-11　梯形模糊数隶属度函数

1.4.1.3　复合模糊数

复合模糊数是指采用两种或两种以上模糊数表示的模糊数,一般采用三角模糊数和梯形模糊数综合表示。常采用的复合模糊数分为两种,即五等级模糊数和七等级模糊数,应结合实际需求选取合理的模糊数。

五等级复合模糊数特征函数(图 1-12)为

$$f_1(x) = \begin{cases} 1 & (x=0) \\ (0.25-x)/0.25 & (0 < x \le 0.25) \\ 0 & \text{其他} \end{cases}$$ （1-21a）

$$f_2(x) = \begin{cases} x/0.25 & (0 < x \le 0.25) \\ (0.5-x)/0.25 & (0.25 < x \le 0.5) \\ 0 & \text{其他} \end{cases}$$ （1-21b）

$$f_3(x) = \begin{cases} (x-0.25)/0.25 & (0.25 < x \le 0.5) \\ (0.75-x)/0.25 & (0.5 < x \le 0.75) \\ 0 & \text{其他} \end{cases}$$ （1-21c）

$$f_4(x) = \begin{cases} (x-0.5)/0.25 & (0.5 < x \le 0.75) \\ (1-x)/0.25 & (0.75 < x \le 1) \\ 0 & \text{其他} \end{cases}$$ （1-21 d）

$$f_5(x) = \begin{cases} (x-0.75)/0.25 & (0.75 < x < 1) \\ 1 & (x=1) \\ 0 & \text{其他} \end{cases}$$ （1-21e）

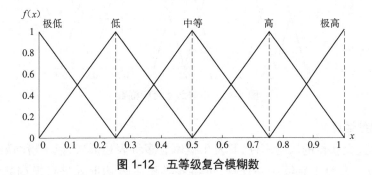

图 1-12　五等级复合模糊数

七等级复合模糊数特征函数(图 1-13)为

$$f_1(x) = \begin{cases} 1 & (0 < x \le 0.1) \\ (0.2-x)/0.1 & (0.1 < x \le 0.2) \\ 0 & \text{其他} \end{cases}$$ （1-22a）

$$f_2(x) = \begin{cases} (x-0.1)/0.1 & (0.1 < x \le 0.2) \\ (0.3-x)/0.1 & (0.2 < x \le 0.3) \\ 0 & \text{其他} \end{cases}$$ （1-22b）

$$f_3(x) = \begin{cases} (x-0.2)/0.1 & (0.2 < x \le 0.3) \\ 1 & (0.3 < x \le 0.4) \\ (0.5-x)/0.1 & (0.4 < x \le 0.5) \\ 0 & 其他 \end{cases} \qquad (1\text{-}22c)$$

$$f_4(x) = \begin{cases} (x-0.4)/0.1 & (0.4 < x \le 0.5) \\ (0.6-x)/0.1 & (0.5 < x \le 0.6) \\ 0 & 其他 \end{cases} \qquad (1\text{-}22d)$$

$$f_5(x) = \begin{cases} (x-0.5)/0.1 & (0.5 < x \le 0.6) \\ 1 & (0.6 < x \le 0.7) \\ (0.8-x)/0.1 & (0.7 < x \le 0.8) \\ 0 & 其他 \end{cases} \qquad (1\text{-}22e)$$

$$f_6(x) = \begin{cases} (x-0.7)/0.1 & (0.7 < x \le 0.8) \\ (0.9-x)/0.1 & (0.8 < x \le 0.9) \\ 0 & 其他 \end{cases} \qquad (1\text{-}22f)$$

$$f_7(x) = \begin{cases} (x-0.8)/0.1 & (0.8 < x \le 0.9) \\ 1 & (0.9 < x \le 1.0) \\ 0 & 其他 \end{cases} \qquad (1\text{-}22g)$$

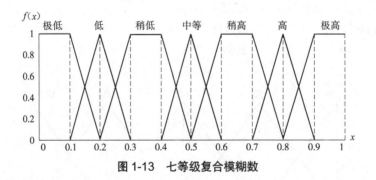

图 1-13   七等级复合模糊数

1.4.1.4   模糊数运算

对于多种途径获得的风险事件,其发生概率有多种表达形式,包括精确数值、模糊语言及各类模糊数。为便于后续统一处理,可将各类概率表达形式进行模糊数归一化,具体如下。

对于精确概率数值,将其转换为梯形模糊数。对于模糊语言,可通过对应的隶属度函数将其转换为对应的梯形模糊数。

假设梯形模糊数 $\widetilde{q_1}$ 和 $\widetilde{q_2}$ 分别由 (a_1,b_1,c_1,d_1) 和 (a_2,b_2,c_2,d_2) 表示,梯形模糊数的运算公式定义如下。

（1）加法运算:

$$\widetilde{q_1} \oplus \widetilde{q_2} = (a_1+a_2, b_1+b_2, c_1+c_2, d_1+d_2)$$

（2）减法运算：

$$\widetilde{q_1} \ominus \widetilde{q_2} = (a_1-a_2, b_1-b_2, c_1-c_2, d_1-d_2)$$

（3）乘法运算：

$$\widetilde{q_1} \otimes \widetilde{q_2} = (a_1a_2, b_1b_2, c_1c_2, d_1d_2)$$

$$C \otimes \widetilde{q_1} = (Ca_1, Cb_1, Cc_1, Cd_1)$$

（4）与门（and）、或门（or）运算：

$$\widetilde{q_1} \text{ and } \widetilde{q_2} = (a_1a_2, b_1b_2, c_1c_2, d_1d_2)$$

$$\widetilde{q_1} \text{ or } \widetilde{q_2} = (1-(1-a_1)(1-a_2), 1-(1-b_1)(1-b_2), 1-(1-c_1)(1-c_2), 1-(1-d_1)(1-d_2))$$

1.4.1.5 含有置信度的模糊数

在实际的专家评价过程中，存在划分的评价等级不能完全体现专家观点，专家观点在两个等级之间摇摆犹豫等情况，这些都会影响评判结果的科学性。因此，引入置信度理论对专家观点表示形式进行改进。

以五等级复合模糊数为例，结合置信度理论进行改进，需遵循以下原则。

（1）某单一等级完全符合自身观点，写成 $\{(H_{ij}, 1.0)\}$，i、$j=1,2,\cdots,5$，且 $i=j$，如"低"可以写作 $\{(H_{22}, 1.0)\}$。

（2）两等级之间符合自身观点且对这两个等级置信度相同，写成 $\{(H_{ij}, 1.0)\}$，i、$j=1,2,\cdots,n$，且 $i \neq j$，如"低-中等"可以写作 $\{(H_{23}, 1.0)\}$。

（3）两等级之间符合自身观点且对这两个等级置信度不同，写成 $\{(H_{ii}, \alpha), (H_{jj}, \beta)\}$，$i$、$j=1,2,\cdots,n$，且 $i \neq j$。若 $\alpha+\beta=1$ 则认为该分布完整，若 $\alpha+\beta \neq 1$ 则认为该分布缺失，需要将缺失的置信度 $\lambda=1-\alpha-\beta$ 分配到极低-极高的区间内。如 0.2 的置信度为"低"，0.8 的置信度为"中等"，可以写作 $\{(H_{22}, 0.2), (H_{33}, 0.8)\}$，若将上述"中等"的置信度改为 0.7，则写作 $\{(H_{22}, 0.2), (H_{33}, 0.7), (H_{15}, 0.1)\}$。

（4）对该评价对象无法做出评价或是无法确定等级，写成 $\{(H_{15}, 1.0)\}$，认为该事件的评价等级位于"极低"与"极高"之间。

1.4.1.6 反模糊化

反模糊化也称去模糊化，是指将模糊集合映射为经典集合的过程，即在一定的范围内，将模糊数用确定的数值表示的过程。反模糊化的方法有重心法、边界法、面积平分法、最大隶属度法、最值法和 a-截集法等。

1. 重心法

重心法基于几何问题中求图形重心的方法得来，通式为

$$h_{ij} = \frac{\int f_{ij}(x)x\mathrm{d}x}{f_{ij}(x)} \tag{1-23}$$

式中：h_{ij} 为反模糊化结果；$f_{ij}(x)$ 为模糊数。

利用重心法求解三角模糊数 (a_1, a_2, a_3)：

$$h_{ij} = \frac{\int_{a_1}^{a_2} \frac{x-a_1}{a_2-a_1} x\mathrm{d}x + \int_{a_2}^{a_3} \frac{a_3-x}{a_3-a_2} x\mathrm{d}x}{\int_{a_1}^{a_2} \frac{x-a_1}{a_2-a_1} \mathrm{d}x + \int_{a_2}^{a_3} \frac{a_3-x}{a_3-a_2} \mathrm{d}x} = \frac{1}{3}(a_1+a_2+a_3) \qquad (1\text{-}24)$$

求解梯形模糊数 (a_1,a_2,a_3,a_4)：

$$h_{ij} = \frac{\int_{a_1}^{a_2} \frac{x-a_1}{a_2-a_1} x\mathrm{d}x + \int_{a_2}^{a_3} x\mathrm{d}x + \int_{a_3}^{a_4} \frac{a_4-x}{a_4-a_3} x\mathrm{d}x}{\int_{a_1}^{a_2} \frac{x-a_1}{a_2-a_1} \mathrm{d}x + \int_{a_2}^{a_3} \mathrm{d}x + \int_{a_3}^{a_4} \frac{a_4-x}{a_4-a_3} \mathrm{d}x}$$

$$= \frac{1}{3} \frac{(a_4+a_3)^2 - a_4 a_3 - (a_1+a_2)^2 + a_1 a_2}{a_4+a_3-a_2-a_1} \qquad (1\text{-}25)$$

2. 边界法

边界法的通式为

$$h_{ij} = \frac{\sum_{i=0}^{n}(b_i-c)}{\sum_{i=0}^{n}(b_i-c) - \sum_{i=0}^{n}(a_i-d)} \qquad (1\text{-}26)$$

式中：h_{ij} 为模糊集 H_{ij} 的反模糊数；c 为模糊集的左边界数；d 为模糊集的右边界数；a_0 为模糊数的左边界数；b_0 为模糊数的右边界数；a_i、$b_i(i=1,2,\cdots,n)$ 分别为模糊数内层数。

以梯形模糊数为例：

$$h_{33} = \frac{(b_0-c)+(b_1-c)}{[(b_0-c)+(b_1-c)]-[(a_0-d)+(a_1-d)]}$$

$$= \frac{(7-0)+(6-0)}{[(7-0)+(6-0)]-[(3-10)+(4-10)]} = 0.500$$

1.4.2　区间二元语义理论

1.4.2.1　二元语义

二元语义是用二元组 (s_i,α) 来表达专家评价信息的方法。其中，s_i 为语言评价等级集合 S 中的第 i 个语言短语，α 为专家评价信息与评价等级 s_i 之间的偏差。

【定义】　令 $S=\{s_0,s_1,\cdots,s_g\}$ 为语言评价等级集合，$\beta \in [0,1]$ 为专家评价信息，Δ 为 β 转化为二元组 (s_i,α) 的运算符号：

$$\Delta:[0,1] \to S \times \left[-\frac{1}{2g}, \frac{1}{2g}\right)$$

$$\Delta(\beta) = (s_i,\alpha) \begin{cases} s_i & i = \mathrm{round}(\beta \cdot g) \\ \alpha = \beta - \frac{i}{g} & \alpha \in \left[-\frac{1}{2g}, \frac{1}{2g}\right) \end{cases} \qquad (1\text{-}27)$$

式中：g 为语言粒度的个数；$\mathrm{round}(\cdot)$ 为四舍五入取整运算。

$$\Delta^{-1}: \quad S \times \left[-\frac{1}{2g}, \frac{1}{2g}\right] \to [0,1] \tag{1-28}$$

$$\Delta^{-1}(s_i, \alpha) = \frac{i}{g} + \alpha = \beta$$

式中：Δ^{-1} 为二元组 (s_i, α) 转化为 β 的运算符号；s_i 为 β 与 S 中最接近的语言评价等级。显然，$s_i \in S$ 等价于 $(s_i, 0)$。

1.4.2.2　区间二元语义

【定义】 令 $S=\{s_0, s_1, \cdots, s_g\}$ 为语言评价等级集合，区间二元组 $[(s_i, \alpha_i), (s_j, \alpha_j)]$ 由两个二元组组成，其中 $i \leq j$，$\alpha_i \leq \alpha_j$，区间值 $[\beta_1, \beta_2]$ 可以用区间二元组表示：

$$\Delta[\beta_1, \beta_2] = \left[(s_i, \alpha_i), (s_j, \alpha_j)\right]$$

$$\begin{cases} s_i & i = \mathrm{round}(\beta_1 \cdot g) \\ s_j & j = \mathrm{round}(\beta_2 \cdot g) \\ \alpha_i = \beta_1 - \dfrac{i}{g} & \alpha_i \in \left[-\dfrac{1}{2g}, \dfrac{1}{2g}\right) \\ \alpha_j = \beta_2 - \dfrac{j}{g} & \alpha_j \in \left[-\dfrac{1}{2g}, \dfrac{1}{2g}\right) \end{cases} \tag{1-29}$$

反之，区间二元组也可用区间值表示：

$$\Delta^{-1}\left[(s_i, a_i), (s_j, a_j)\right] = \left[\frac{i}{g} + a_i, \frac{j}{g} + a_j\right] = [\beta_i, \beta_j] \tag{1-30}$$

若 $s_i = s_j$，且 $\alpha_i = \alpha_j$，则区间二元组可以简化为二元组。

运算法则：令 $\tilde{a} = [(s_i, \alpha_i), (s_j, \alpha_j)]$ 和 $\tilde{b} = [(s_k, \alpha_k), (s_l, \alpha_l)]$ 为区间二元组，则

$$\tilde{a} + \tilde{b} = \left[(s_i, \alpha_i), (s_j, \alpha_j)\right] + \left[(s_k, \alpha_k), (s_l, \alpha_l)\right]$$

$$= \Delta\left[\Delta^{-1}(s_i, \alpha_i) + \Delta^{-1}(s_k, \alpha_k), \Delta^{-1}(s_j, \alpha_j) + \Delta^{-1}(s_l, \alpha_l)\right] \tag{1-31}$$

$$\tilde{a} \times \tilde{b} = \left[(s_i, \alpha_i), (s_j, \alpha_j)\right] \times \left[(s_k, \alpha_k), (s_l, \alpha_l)\right]$$

$$= \Delta\left[\Delta^{-1}(s_i, \alpha_i) \times \Delta^{-1}(s_k, \alpha_k), \Delta^{-1}(s_j, \alpha_j) \times \Delta^{-1}(s_l, \alpha_l)\right] \tag{1-32}$$

令 $\tilde{a} = [(s_i, \alpha_i), (s_j, \alpha_j)]$ 和 $\tilde{b} = [(s_k, \alpha_k), (s_l, \alpha_l)]$ 为区间二元组，则距离公式为

$$d(\tilde{a}, \tilde{b}) = \Delta\sqrt{\frac{1}{2}\left[\left(\Delta^{-1}(s_i, \alpha_i) - \Delta^{-1}(s_k, \alpha_k)\right)^2 + \left(\Delta^{-1}(s_j, \alpha_j) - \Delta^{-1}(s_l, \alpha_l)\right)^2\right]} \tag{1-33}$$

式中：$d(\tilde{a}, \tilde{b})$ 为 $\tilde{a}$ 和 $\tilde{b}$ 的欧几里得距离。

1.4.3　云模型

1.4.3.1　云模型基本概念

云模型理论是模糊理论的延伸和发展，在考虑模糊性的基础上，将模糊隶属度进行随机化处理，从而引入了随机性问题。本节对云理论的基本模型进行简要介绍，包括云的定义、代数运算法则、比较方法、Hamming 距离、混合融合算子以及云群的构造方法等。

【**定义**】 设 U 是一个由精确数值表示的定量论域，T 是 U 上的定性概念，若定量值 $x \in U$，且 x 是定性概念 T 的一次随机实现，x 对 T 的确定度 $y \in [0,1]$，且满足公式

$$y = \mathrm{e}^{-\frac{(x-Ex)^2}{2En'^2}}$$

（1-34）

其中，x、En' 分别服从 $N(Ex, En'^2)$ 和 $N(En, He^2)$ 分布，则 x 在论域 U 上的分布称为正态云，每个二元有序数对 (x, y) 称为一个云滴。

正态云通常可表示为 $\tilde{y} = (Ex, En, He)$，包含 3 个特征数字——期望 Ex、熵 En 和超熵 He，分别表示定性概念在论域内的中心点、离散程度和不确定性度量。典型的正态云图像如图 1-14 所示。

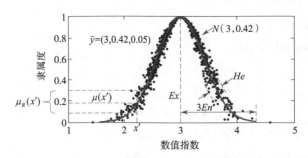

图 1-14　云模型及正态模糊数对比

1. 云模型的运算规则

对于两个正态云模型 $\tilde{y}_1 = (Ex_1, En_1, He_1)$、$\tilde{y}_2 = (Ex_2, En_2, He_2)$，可执行表 1-4 所示的运算规则。

表 1-4　云模型算数运算规则

运算规则	运算结果的特征数值		
	期望 Ex	熵值 En	超熵 He
加法 $\tilde{y}_1 + \tilde{y}_2$	$Ex_1 + Ex_2$	$\sqrt{En_1^2 + En_2^2}$	$\sqrt{He_1^2 + He_2^2}$
减法 $\tilde{y}_1 - \tilde{y}_2$	$Ex_1 - Ex_2$	$\sqrt{En_1^2 - En_2^2}$	$\sqrt{He_1^2 - He_2^2}$
乘法 $\tilde{y}_1 \times \tilde{y}_2$	$Ex_1 \times Ex_2$	$Ex_1 Ex_2 \sqrt{\left(\frac{En_1}{Ex_1}\right)^2 + \left(\frac{En_2}{Ex_2}\right)^2}$	$Ex_1 Ex_2 \sqrt{\left(\frac{He_1}{Ex_1}\right)^2 + \left(\frac{He_2}{Ex_2}\right)^2}$
除法 $\tilde{y}_1 \div \tilde{y}_2$	$Ex_1 \div Ex_2$	$\frac{Ex_1}{Ex_2} \sqrt{\left(\frac{En_1}{Ex_1}\right)^2 + \left(\frac{En_2}{Ex_2}\right)^2}$	$\frac{Ex_1}{Ex_2} \sqrt{\left(\frac{He_1}{Ex_1}\right)^2 + \left(\frac{He_2}{Ex_2}\right)^2}$
数乘 $\lambda \tilde{y}_1$	λEx_1	$\sqrt{\lambda} En_1$	$\sqrt{\lambda} He_1$
指数 $\tilde{y}_1^\lambda$	Ex_1^λ	$\sqrt{\lambda} Ex_1^{\lambda-1} En_1$	$\sqrt{\lambda} Ex_1^{\lambda-1} He_1$

2. 云模型的距离

对于任意两个正态云模型 $\tilde{y}_1 = (Ex_1, En_1, He_1)$ 和 $\tilde{y}_2 = (Ex_2, En_2, He_2)$，可通过以下三式确

定其 Hamming 距离：

$$d\left(\tilde{y}_1,\tilde{y}_2\right)=\sqrt{\frac{\underline{d}^2\left(\tilde{y}_1,\tilde{y}_2\right)+\overline{d}^2\left(\tilde{y}_1,\tilde{y}_2\right)}{2}} \quad\quad (1\text{-}35)$$

$$\underline{d}\left(\tilde{y}_1,\tilde{y}_2\right)=\left|\left(1-\frac{3\sqrt{En_1{}^2+He_1{}^2}}{Ex_1}\right)Ex_1-\left(1-\frac{3\sqrt{En_2{}^2+He_2{}^2}}{Ex_2}\right)Ex_2\right| \quad\quad (1\text{-}36)$$

$$\overline{d}\left(\tilde{y}_1,\tilde{y}_2\right)=\left|\left(1+\frac{3\sqrt{En_1{}^2+He_1{}^2}}{Ex_1}\right)Ex_1-\left(1+\frac{3\sqrt{En_2{}^2+He_2{}^2}}{Ex_2}\right)Ex_2\right| \quad\quad (1\text{-}37)$$

式中：$\tilde{y}_1$、$\tilde{y}_2$ 分别为论域中的两个一维正态云；$\underline{d}\left(\tilde{y}_1,\tilde{y}_2\right)$ 为云 $\tilde{y}_1$，$\tilde{y}_2$ 最小边界之间的水平距离；$\overline{d}\left(\tilde{y}_1,\tilde{y}_2\right)$ 为云 $\tilde{y}_1$，$\tilde{y}_2$ 最大边界之间的水平距离。

3. 云模型的大小比较

任意两个正态云模型可转换为两个区间数，对于 $\tilde{y}_1=(Ex_1,En_1,He_1)$ 和 $\tilde{y}_2=(Ex_2,En_2,He_2)$，相应的区间数定义为 $[\underline{a},\overline{a}]$ 和 $[\underline{b},\overline{b}]$，其中 $\underline{a}=Ex_1-3En_1$，$\overline{a}=Ex_1+3En_1$，$\underline{b}=Ex_2-3En_2$，$\overline{b}=Ex_2+3En_2$。用一个关键参数 $S_{a,b}=2\left(\overline{a}-\underline{b}\right)-\left(\overline{a}-\underline{a}+\overline{b}-\underline{b}\right)$ 来比较两个正态云的大小：

（1）如果 $S_{a,b}>0$，则有 $\tilde{y}_1>\tilde{y}_2$；

（2）如果 $S_{a,b}=0$，并且 $En_1<En_2$，则有 $\tilde{y}_1>\tilde{y}_2$；

（3）如果 $S_{a,b}=0$，$En_1=En_2$，并且 $He_1<He_2$，则有 $\tilde{y}_1>\tilde{y}_2$；

（4）如果 $S_{a,b}=0$，$En_1=En_2$，并且 $He_1=He_2$，则有 $\tilde{y}_1=\tilde{y}_2$。

1.4.3.2　云模型的构造方法

在语言性评估中，通常需要构建一组语言性评价值，如 {"低"，"中"，"高"}。为了描述其中的模糊性和随机性，相应地需要构建一组评价云模型，以描述该组定量概念。标准评价云模型的构造方法主要包括 Theta 标度法和黄金分割法。对于任一语言变量集合 $T=\left\{T_i\mid i=-g,\cdots,0,\cdots,g,g\in N^*\right\}$，本研究采用 Theta 标度法，可以通过如下过程转换为一组云模型。

（1）给定语言变量集 T 中的某个值 T_i，语言变量函数 f 是 T_i 到 θ_i 的映射，即 $f:T_i\rightarrow\theta_i(i=-g,\cdots,0,\cdots,g)$。通过下式将 T_i 映射到 θ_i：

$$\theta_i=\begin{cases}\dfrac{e^g-e^{-i}}{2e^g-2} & (-g\leqslant i\leqslant 0)\\[2mm]\dfrac{e^g+e^{-i}-2}{2e^g-2} & (0<i\leqslant g)\end{cases} \quad\quad (1\text{-}38)$$

其中，$\theta_i\in[0,1]$ 为一数量值。控制参数 e 可以通过试验获取，取值范围为 $[1.36,1.4]$。同时，也可以通过主观方法获取。假设指标 A 比指标 B 更重要，重要度比率为 u，则有 $e^v=u$（v 为比例等级）。令 $u=9$ 为重要度比率的上极限值，比例等级 v 为 7 级，则 $e=\sqrt[7]{9}\approx1.37$。

（2）根据语义区间 $[X_{\min}, X_{\max}]$ 定义期望：

$$Ex_i = X_{\min} + \theta_i \left(X_{\max} - X_{\min} \right) \tag{1-39}$$

（3）计算熵：

$$En'_i = \begin{cases} \dfrac{(1-\theta_i)(X_{\max} - X_{\min})}{3} & (-g \leqslant i \leqslant 0) \\[2mm] \dfrac{\theta_i (X_{\max} - X_{\min})}{3} & (0 < i \leqslant g) \end{cases} \tag{1-40}$$

$$En_{-i} = En_i = \begin{cases} \dfrac{\left(\theta_{|i-1|} + \theta_{|i|} + \theta_{|i+1|} \right)(X_{\max} - X_{\min})}{9} & (0 < |i| \leqslant g-1) \\[2mm] \dfrac{\left(\theta_{|i-1|} + \theta_{|i|} \right)(X_{\max} - X_{\min})}{6} & (|i| = g) \\[2mm] \dfrac{\left(\theta_i + 2\theta_{i+1} \right)(X_{\max} - X_{\min})}{9} & (i = 0) \end{cases} \tag{1-41}$$

（4）计算超熵：

$$He_{-i} = He_i = (En'^+ - En_i)/3 \tag{1-42}$$

其中，$En'^+ = \max_k \{ En'_k \}$。

通过该方法可以将一组具有 $2g+1$ 个变量的语言术语集合转换为相同数量的标准正态云模型。

1.4.3.3　云模型融合算子

多个语言性评价值通常需要进行融合以获取综合评价结果，因此云模型融合计算方法受到了研究学者的广泛关注，已发展了多种计算模型。基于云的代数运算法则产生了多种加权综合云算子，可应用于多准则决策信息融合过程，包括加权代数平均算子、几何加权平均算子、有序加权算子以及混合融合算子（Composite Fusion Arithmetic，CHA）。

考虑到每个云 $\tilde{y}_i$ 的个体重要性以及加权云 $n\omega_i \tilde{y}_i$ 的顺序重要性，本研究采用 CHA 来进行正态云模型的融合。

【定义】设 Ω 为所有正态云模型的集合，$\tilde{y}_i = (Ex_i, En_i, He_i)$ 是 Ω 中的一个元素。映射 CHA：$\Omega^n \to \Omega$ 是 Ω 上的正态云混合融合算子：

$$CHA_{\omega,w} \left(\tilde{y}_1, \tilde{y}_2, \cdots, \tilde{y}_n \right) = \sum_{i=1}^{n} w_i \tilde{Y}_i \tag{1-43}$$

式中：$W = (w_1, w_2, \cdots, w_n)$ 为相应的权重向量，满足 $w_i \in [0,1]$ 以及 $\sum_{i=1}^{n} w_i = 1$；$\tilde{Y}_i = (Ex'_i, En'_i, He'_i)$ 为正态云加权云 $(n\omega_1 \tilde{y}_1, n\omega_2 \tilde{y}_2, \cdots, n\omega_n \tilde{y}_n)$ 第 i 个最大元素。

$W = (w_1, w_2, \cdots, w_n)$ 可通过下式进行计算：

$$w_i = Q(i/n) - Q((i-1)/n) \quad (i = 1, 2, \cdots, n) \tag{1-44}$$

其中，$Q(y)$ 为单调递增数列，即

$$Q(y) = \begin{cases} 0 & (y < a) \\ \dfrac{y-a}{b-a} & (a \le y \le b) \\ 1 & (y > b) \end{cases} \tag{1-45}$$

其中,参数 a 和 b 可以根据专家经验确定,本研究选取 $(a,b)=(0.3,0.8)$ 。

$\omega = (\omega_1, \omega_2, \cdots, \omega_n)$ 为正态云集合 $(\tilde{y}_1, \tilde{y}_2, \cdots, \tilde{y}_n)$ 的权重向量,满足 $\omega_i \in [0,1]$ 以及 $\sum\limits_{i=1}^{n} \omega_i = 1$,n 为平衡系数。

当 $W = \left(\dfrac{1}{n}, \dfrac{1}{n}, \cdots, \dfrac{1}{n} \right)$ 时,混合融合算子 CHA 退化为加权算术平均算子,当 $\omega = \left(\dfrac{1}{n}, \dfrac{1}{n}, \cdots, \dfrac{1}{n} \right)$ 时,退化为有序加权平均算子。

1.4.4　语言 Z 数模型

Z 数是 Zadeh 提出的用于描述不确定性信息的语言评价方法,是对模糊集理论的扩展,由一组有序模糊数对来表示,形如 $Z=(A,B)$,其中 A 是对被评价对象的模糊评价,B 表示对这种评价结果的置信程度。若 A 和 B 分别由定性的语言性评价术语表示,可称为语言 Z 数。

【定义】　令 X 为某个论域,$T_1 = (t_0, t_1, \cdots, t_{2m})$ 和 $T_2 = (t'_0, t'_1, \cdots, t'_{2n})$ 分别为两个有限且完全有序的离散语言术语集,其中 m 和 n 分别为非负整数。x 为论域 X 上的任意元素,有 $A_{\phi(x)} \in T_1$ 和 $B_{\phi(x)} \in T_2$,则定义在论域 X 上的语言 Z 数可表示为

$$Z = \left\{ \left(x, A_{\phi(x)}, B_{\phi(x)} \right) \mid x \in X \right\} \tag{1-46}$$

式中:$A_{\phi(x)}$ 为对不确定性变量 x 的模糊表述;$B_{\phi(x)}$ 为对 $A_{\phi(x)}$ 的可靠性度量。通常,T_1 和 T_2 源于两个不同的语言变量集,表示代表不同的偏好信息。特别地,当 X 仅有一个元素时,为了便于表述,语言 Z 数可记作 $Z = \left(A_{\phi(x)}, B_{\phi(x)} \right)$ 。

本研究根据评估方法的实际需要,调整语言 Z 数中两个元素 A、B 的定义形式和范围,将语言 Z 数扩展为云 Z 数。将元素 A 定义为语言术语集中的语言变量,并转换为相应的标准评价云模型,以描述定量概念中的模糊不确定性和随机不确定性。同时,将元素 B 定义为区间 $[0,1]$ 上的数值标度,以反映专家对其评估信息的置信程度,数值越大,置信程度越高。

1.4.5　最弱 T 范数算子

T 范数算子是三角范数算子的简称,常用于模糊逻辑推理与模糊控制过程。T 范数算子的本质是区间 $[0,1]$ 上的一种二元运算 $T(x,y):[0,1] \times [0,1] \to [0,1]$ 。对于区间 $[0,1]$ 内任意数值 x、y、z,该算子满足如下条件。

（1）交换律:$T(x,y) = T(y,x)$ 。

（2）结合律：$T(T(x,y),z)=T(x,T(y,z))$。

（3）单调性：如果 $y<z$，那么 $T(x,y)<T(x,z)$。

（4）有界性：$T(x,1)=x$，$T(x,0)=0$。

常用的 T 范数算子包括 $\min(x,y)$，$x\times y$，$\min(x+y-1,0)$ 以及最弱 T 范数算子 T_ω。其中，T_ω 算子具有保持形状特性以及减少模糊累积的优势，适用于不确定性环境下的模糊运算过程。T_ω 算子的模糊运算公式为

$$T_\omega(x,y)=\begin{cases} x & (y=1) \\ y & (x=1) \\ 0 & \text{其他} \end{cases} \tag{1-47}$$

对两个梯形模糊数 $\tilde{A}=(a_1,a_2,a_3,a_4)$ 和 $\tilde{B}=(b_1,b_2,b_3,b_4)$，基于 T_ω 算子的模糊运算法则见表 1-5。

表 1-5　基于最弱 T 范数算子的模糊运算公式

运算	基于最弱 T 范数算子的模糊运算公式
加法	$A\oplus_{T_\omega}B=(a_2+b_2-\max(a_2-a_1,b_2-b_1),a_2+b_2,a_3+b_3,a_3+b_3+\max(a_4-a_3,b_4-b_3))$
乘法	$A\otimes_{T_\omega}B=(a_2b_2-\max((a_2-a_1)b_3,(b_2-b_1)a_3),a_2b_2,a_3b_3,a_3b_3+\max((a_4-a_3)b_3,(b_4-b_3)a_3))$

1.4.6　德尔菲法

德尔菲法（Delphi Method）也称专家调查法，是一种匿名反馈函询方法。1946 年由兰德公司首次应用后发展迅速，现已被广泛采用。德尔菲法要求专家之间不进行横向联系即不能讨论，采用匿名发表专家观点，经过反复征询、总结、归纳、反馈等多轮调查直至得到一致观点，具体步骤如图 1-15 所示。

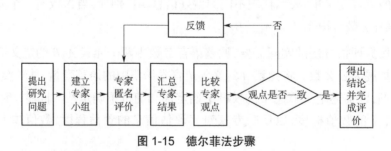

图 1-15　德尔菲法步骤

第 2 章 基于语言 Z 数和层次多准则妥协解排序模型的海底管道风险评估

海洋油气的开发离不开海底管网。海底管道的泄漏很容易升级为灾难性事件,造成巨大的生命财产损失和环境污染。由于数据稀缺,此类事件的定量风险评估一直是一项具有挑战性的任务。为了更可靠地评估海底管道风险,本章构建了一种基于语言 Z 数和层次多准则妥协解排序(VIse Kriterijumski Optimizacioni Racun, VIKOR)模型的改进 FMEA 方法,建立了海底管道失效风险评估的二级评估指标层次结构。通过语言 Z 数和云模型理论处理专家评估中的认知不确定性,提出了综合动态权重算法用于评价值权重计算与融合,改进熵权法结合层次分析法,实现二级指标主客观综合权重计算,利用扩展的层次 VIKOR 模型实现多准则条件下的失效模式风险优先度计算。通过案例分析,确定了多个失效因素的风险优先度排序,通过对比不同模型结果并进行参数敏感性分析,验证了该方法的有效性与稳定性。该方法可应用至其他复杂系统风险评估,为其安全管控提供决策参考。

2.1 海底管道失效风险的二级评价指标体系

传统 FMEA 方法关注事故失效模式或其原因的三个风险评价指标,分别为事件发生度(O)、后果严重度(S)和危险探测度(D),并通过三者的乘积计算风险优先度指数(RPN)。这种方式忽略了影响风险水平的其他方面因素,无法系统全面地审视评估对象的风险水平,诸多学者对此种不足进行了批评,并试图针对不同评估对象建立具体的风险评估指标体系。本研究将海底管道失效作为评估对象,对传统评估指标进行扩展,构建了二级评估指标层次结构,如图 2-1 所示。

在二级评估指标层次结构中,定义事件发生度(O)、后果严重度(S)、危险探测度(D)、安全维护度 M(Maintenance)为一级评估指标,进而分别定义了九个二级评估指标。其中,事件发生度将事故频率(RF_1)作为其二级子指标;后果严重度划分为人员伤亡(RF_2)、结构损伤(RF_3)、环境影响(RF_4)和工期延误(RF_5)四个二级子指标;危险探测度是指评估目标事件的可探测性程度,包括事件可视化度(RF_6)和检查度(RF_7)两个二级子指标,若危险事件易于发现,则会明显降低相应的风险水平;安全维护度是指事件发生后的修复性或维护性难易程度,若危险事件造成的损伤易于修复,维修成本低,技术难度小,则相应的事件风险程度也应降低,因此定义的安全维护度指标包括经济性(RF_8)和困难度(RF_9)两个二级子指标。

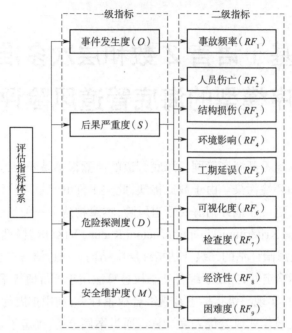

图 2-1　海底管道失效二级评估指标层次结构

　　本研究构建的海底管道失效风险二级评价指标层次结构可应用于多种基于扩展指标的风险评估方法。特别地,为本章介绍的改进 FMEA 方法用于海底管道失效风险评估提供决策准则。

2.2　基于语言 Z 数和层次 VIKOR 的评估方法

　　基于语言 Z 数和层次 VIKOR 的风险评估方法包括四个主要步骤:①基于语言 Z 数和云模型理论实现语言性评价值收集与转换;②通过综合动态权重算法和有序加权融合算子进行专家评价值权重计算与融合;③通过层次分析法和改进的熵权法,进行二级评价指标的主客观综合权重计算与综合评价值融合;④利用扩展的 VIKOR,实现失效模式风险优先度计算与风险水平排序。具体计算流程如图 2-2 所示。

　　步骤 1: 语言性评估值收集与转换

　　步骤 1.1: 定义标准语言评价集

　　确定多个等级的语言性评价术语集,例如包含 9 个等级的术语集 T = {"极低(Extremely Low,EL)""非常低(Very Low,VL)""低(Low,L)""相对低(Relatively Low,RL)""中等(Moderate,M)""相对高(Relatively High,RH)""高(High,H)""非常高(Very High,VH)""极高(Extremely High,EH)"}。

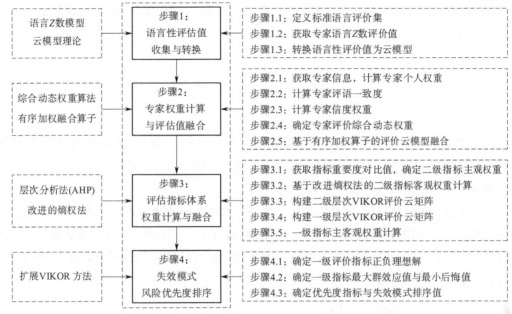

图 2-2　基于语言 Z 数和层次 VIKOR 模型的评估流程

步骤 1.2:获取专家语言 Z 数评价值

专家评价过程是基于相关工程经验知识,通过语言变量表达专家对评估对象的认识,以获取合理有效的评价数据。由于评估系统的复杂性和不确定性,且单个专家的知识和经验具有一定的局限性质,需要组建一个由多位领域专家构成的评估专家组,以提高评估结果的客观性和准确性。专家组成员的选择需要遵循以下三个原则。

(1)水平与经验要求。专家组成员均须具备相关系统设计、建造、安装、维护、检测或科学研究等一线工作经验,具备 5 年及以上相关工作经历,熟悉目标系统的设计条件及当前运行数据,能够对评价对象做出合理有效的判断。

(2)专家组成员数量。为了确保评价结果的可信度与合理性,专家组成员数量不宜过少,过少会导致评价结果缺乏全面性和代表性。根据可参考的现有研究工作,基于专家知识和经验的风险评估实践中,通常选择 3~10 名相关领域专家形成专家组,即可给出较为可信的评价结果。

(3)组成结构多样化。为了避免意见过度趋同,也需考虑专家组成结构的多样化,建立异质化专家组。不同工作岗位、工程经历和风险态度的评价者对同一问题持有不同的观点和认识,有利于提高综合评价的客观性和全面性。

专家组成员通过问卷调查等方式,针对每个失效模式,对每个评价指标依次进行等级评判,通过语言 Z 数 $Z = (A, B)$ 表达对评估对象的评判结果。

对于一个具体的 FMEA 评估对象,假设 m 种失效模式,n 个评价指标,选择 l 个领域专家进行评估。$z_{ij}^k = (y_{ij}^k, c_{ij}^k)$ 表示第 k 个领域专家(E_k)在第 j 个评价指标(RF_j)下对第 i 个故障模式(FM_i)的语言 Z 数评价值,其中 $i = 1, 2, \cdots, m$,$j = 1, 2, \cdots, n$,$k = 1, 2, \cdots, l$。y_{ij}^k 表示对

失效模式的语言性等级评判,源自评价术语集 S,综合每个专家的语言性等级评判值可以构成评价矩阵 $\boldsymbol{Y}^k$,表达式如下:

$$\boldsymbol{Y}^k = \begin{pmatrix} y_{11}^k & y_{12}^k & \cdots & y_{1n}^k \\ y_{21}^k & y_{22}^k & \cdots & y_{2n}^k \\ \vdots & \vdots & & \vdots \\ y_{m1}^k & y_{m2}^k & \cdots & y_{mn}^k \end{pmatrix} \tag{2-1}$$

c_{ij}^k 表示专家 k 对自己所作语言性评估值 y_{ij}^k 的置信水平,其取值范围为 $[0,1]$,该数值将在多专家评价云模型融合过程中发挥作用,以反映该专家评判的有效性。

步骤 1.3:转换语言性评价值为云模型

为实现进一步计算分析,将获取的语言性评价术语转换成数学表达形式,通过云模型描述评价术语中的模糊性和随机性。利用云模型构造方法,如 Theta 标度法,确定多个等级的标准评价云集合。根据标准评价云模型的定义,将每个评价值 y_{ij}^k 转换为相应的云模型 $\tilde{y}_{ij}^k$,评价矩阵 $\boldsymbol{Y}^k$ 可更新为模糊评价矩阵 $\tilde{\boldsymbol{Y}}^k$,表达式如下:

$$\tilde{\boldsymbol{Y}}^k = \begin{pmatrix} \tilde{y}_{11}^k & \tilde{y}_{12}^k & \cdots & \tilde{y}_{1n}^k \\ \tilde{y}_{21}^k & \tilde{y}_{22}^k & \cdots & \tilde{y}_{2n}^k \\ \vdots & \vdots & & \vdots \\ \tilde{y}_{m1}^k & \tilde{y}_{m2}^k & \cdots & \tilde{y}_{mn}^k \end{pmatrix} \tag{2-2}$$

步骤 2:专家权重计算与评估值融合

在这一阶段,对每个专家组成员给出的评价值进行权重评判,并依据综合权重对某一评估对象下的多个评价云模型进行融合,获取该评价对象的综合评价云。

专家权重判定需综合考虑三个方面的影响,即专家个人信息情况、专家评语一致度、评语置信水平。将每个失效模式在不同评价指标下的风险程度作为独立评估对象,获取每位专家给出的评语置信水平。专家个人信息权重与专家身份相关,在所有独立评估对象中,专家信息权重相同。而评语一致度和置信水平则与专家给出的评估值相关,对于不同的评估对象,评语一致度和信度权重需要动态调整计算。因此,该方法可称为综合动态权重计算方法。

步骤 2.1:获取专家信息,计算专家个人权重

对于同一估价对象,不同的专家具有不同的权威性和话语权程度。选择四个关键因素来区分领域专家的权威性,分别为专业职称、工龄、学历和年龄。根据每位专家的个人信息以及表 2-1 中的分值判断标准,确定每位专家的个人信息综合得分 s_{inf}^k,然后计算专家 k 的个人信息权重 w_{inf}^k,公式如下:

$$w_{\text{inf}}^k = s_{\text{inf}}^k \bigg/ \sum_{k=1}^{l} s_{\text{inf}}^k \tag{2-3}$$

表 2-1　专家权重确定准则

因素	级别	分值	因素	级别	分值
学历	博士	5	工龄	30 年及以上	5
	硕士	4		20~29 年	4
	学士	3		10~19 年	3
	大专	2		6~9 年	2
	中专	1		少于等于 5 年	1
职称	教授/高级工程师	5	年龄	55 岁及以上	5
	副教授/中级工程师	4		45~54 岁	4
	讲师/初级工程师	3		35~44 岁	3
	助教/技术员	2		25~34 岁	2
	工人	1		小于等于 24 岁	1

步骤 2.2：计算专家评语一致度

评价值的分散程度会影响评语权重，根据民主原则，通常认为出现频率较高的数据具有更高的可信度。同时，也允许特殊值存在，但应降低其重要性。因此，偏向于大多数人意见的值被赋予更高的权重，通过评语的相对一致性程度进行确定。相似性聚合方法作为一种聚合专家评价的有效技术被广泛用于解决这个问题。本研究对传统的相似性聚合方法进行改进，以适用于云模型理论。具体计算过程如下。

（1）计算任意两个专家评价云之间的 Hamming 距离 $d(k,v)$，公式如下：

$$d(k,v) = \sqrt{\frac{\underline{d}^2(k,v) + \overline{d}^2(k,v)}{2}} \tag{2-4}$$

其中，$d(k,v)$ 表示专家 k 和专家 v 的评价云 $\tilde{y}_{ij}^k$ 和 $\tilde{y}_{ij}^v$ 之间的 Hamming 距离，根据式（1-35）得到。

（2）计算专家 k 评语与其他专家评语的平均距离 Ad^k，公式如下：

$$Ad^k = \frac{1}{l-1} \sum_{\substack{v=1 \\ v \neq k}}^{l} d(k,v) \tag{2-5}$$

（3）计算平均相似度。将平均距离的倒数作为相似度 AA^k，公式如下：

$$AA^k = \frac{1}{Ad^k} \tag{2-6}$$

（4）通过归一化方法计算每个专家的相对一致度 RA^k，公式如下：

$$RA^k = \frac{AA^k}{\sum_{k=1}^{l} AA^k} \tag{2-7}$$

步骤 2.3：计算专家信度权重

在每一个评估对象下，将各个专家给出的评语置信水平 c_{ij}^k 进行归一化计算，得到每个专家的信度权重 wc_{ij}^k，公式如下：

$$wc_{ij}^k = c_{ij}^k / \sum_{k=1}^l c_{ij}^k \qquad (2\text{-}8)$$

步骤 2.4：确定专家评价综合动态权重

本研究基于语言 Z 数，考虑了专家评语置信度的影响，对传统的相似性聚合方法进行改进。综合考虑专家个人信息权重、评语一致度和信度权重，计算在每个评估对象下的综合动态权重 w_{ij}^k，公式如下：

$$w_{ij}^k = \alpha w_{\inf}^k + \beta RA_{ij}^k + \sigma wc_{ij}^k \qquad (2\text{-}9)$$

式中：$w_{\inf}^k$、RA_{ij}^k、wc_{ij}^k 分别为专家 k 的个人信息权重、评语相对一致度和信度权重。$w_{\inf}^k$ 取决于评估专家的个人信息，与 FM_i 和 RF_j 无关，属于静态权重；RA_{ij}^k 和 wc_{ij}^k 取决于专家评价值 y_{ij}^k 和置信度 c_{ij}^k，是随失效模式 FM_i 和评估指标 RF_j 而变化的动态权重。α、β、σ 为松弛因子，用于评判三个因素之间的相对重要程度，松弛因子由决策者确定，需满足 α、β、$\sigma \in [0, 1]$，且 $\alpha + \beta + \sigma = 1$。

步骤 2.5：基于有序加权算子的评价云模型融合

对每个独立评估对象，利用 CHA 算子对多个评价云进行有序加权融合计算，获取失效模式 FM_i 在评估指标 RF_j 下的综合评价云模型。

首先，根据云模型的标量乘法运算，将每个评价云 $\tilde{y}_{ij}^k$ 转换为加权云 B_{ij}^k，公式如下：

$$\begin{aligned}
B_{ij}^k &= l \cdot w^k \cdot \tilde{y}_{ij}^k \\
&= l \cdot w^k \cdot \left(Ex_{ij}^k, En_{ij}^k, He_{ij}^k \right) \\
&= \left(l \cdot w^k \cdot Ex_{ij}^k, \sqrt{l \cdot w^k} \cdot En_{ij}^k, \sqrt{l \cdot w^k} \cdot He_{ij}^k \right)
\end{aligned} \qquad (2\text{-}10)$$

利用云模型比较方法，将加权云 $\boldsymbol{B}_{ij}^k$ $(k=1,2,\cdots,l)$ 进行降序排列，第 x 位标记为 $\tilde{\boldsymbol{Y}}_x = (Ex_x, En_x, He_x)$ $(x=1,2,\cdots,l)$。顺序权重 w_{ord}^x 由下式获得：

$$w_{\text{ord}}^x = Q(x/l) - Q((x-1)/l) \quad (x=1,2,\cdots,l) \qquad (2\text{-}11)$$

其中，单调递增数列函数 Q 由式（1-45）确定。

综合评价云根据式（1-43）对排序第 x 位的加权云与顺序权重的乘积相加而得，具体表达式见式（2-12）。通过 CHA 算子计算出所有的失效模式 i 在评估指标 j 下的综合评价云模型，获取综合评价矩阵 $\tilde{\boldsymbol{Y}}$。

$$\begin{aligned}
\tilde{y}_{ij} = (Ex_{ij}, En_{ij}, He_{ij}) &= \sum_{x=1}^l w_{\text{ord}}^x \tilde{Y}_x \\
&= \sum_{x=1}^l \left(w_{\text{ord}}^x \cdot Ex_x, \sqrt{w_{\text{ord}}^x} \cdot En_x, \sqrt{w_{\text{ord}}^x} \cdot He_x \right) \\
&= \left(\sum_{x=1}^l \left(w_{\text{ord}}^x \cdot Ex_x \right), \sqrt{\sum_{x=1}^l \left(w_{\text{ord}}^x \cdot En_x^2 \right)}, \sqrt{\sum_{x=1}^l \left(w_{\text{ord}}^x \cdot He_x^2 \right)} \right)
\end{aligned} \qquad (2\text{-}12)$$

$$\tilde{\boldsymbol{Y}} = \begin{pmatrix} \tilde{y}_{11} & \tilde{y}_{12} & \cdots & \tilde{y}_{1n} \\ \tilde{y}_{21} & \tilde{y}_{22} & \cdots & \tilde{y}_{2n} \\ \vdots & \vdots & & \vdots \\ \tilde{y}_{m1} & \tilde{y}_{m2} & \cdots & \tilde{y}_{mn} \end{pmatrix} \qquad (2\text{-}13)$$

步骤 3: 评估指标体系权重计算与融合

针对构建的 FMEA 二级评价指标体系,逐级计算评估指标的主客观综合权重。通过 AHP 法或直接赋权法等方式,由决策者直接评判或定义下级评估指标对上级评估指标的相对权重,构建主观权重向量。同时,通过分析不同评价指标下综合评价云的差异和混乱程度,确定评价指标的客观权重。基于二级评价指标的综合权重,将每个失效模式 i 在二级指标下的多个评价云模型进行融合,得到一级指标下的综合评价云,并进行一级指标下的综合权重计算。

步骤 3.1: 获取指标重要度对比值,确定二级指标主观权重

由风险评估的决策者通过 AHP 方法判断每个一级指标 C_h($h=1,2,\cdots,H$)所属二级指标 RF_{hz}($z=1,2,\cdots,ch$,其中 ch 为一级指标 C_h 下的二级指标个数)相对重要度,形成判断矩阵,进而计算指标间的相对重要度作为二级指标的主观权重。对于二级指标数量较少的情形,也可直接由决策者给出指标相对权重向量。相对权重表示为 wS_{hz} ,表示在一级指标 C_h 下指标 RF_{hz} 的主观权重值。具体地,本研究构建的评价体系包括 4 个一级评价指标和 9 个二级评价指标(图 2-1),因此 $H=4$, ch 分别取值 1、4、2、2。

步骤 3.2: 基于改进熵权法的二级指标客观权重计算

通过步骤 2.5 获取的各个指标综合评价云在二级评价指标体系下可写作:

$$
\bar{\boldsymbol{Y}}_2 = \begin{array}{c} \\ FM_1 \\ FM_2 \\ \vdots \\ FM_m \end{array}
\begin{array}{c} \overset{C_1}{\overbrace{\begin{matrix} RF_{11} & RF_{12} & \cdots & RF_{1c1} \end{matrix}}} \quad\cdots\quad \overset{C_H}{\overbrace{\begin{matrix} RF_{H1} & RF_{H2} & \cdots & RF_{HcH} \end{matrix}}} \\ \left(\begin{matrix} \tilde{y}_{111} & \tilde{y}_{112} & \cdots & \tilde{y}_{11c1} & \cdots & \tilde{y}_{1H1} & \tilde{y}_{1H2} & \cdots & \tilde{y}_{1HcH} \\ \tilde{y}_{211} & \tilde{y}_{212} & \cdots & \tilde{y}_{21c1} & \cdots & \tilde{y}_{2H1} & \tilde{y}_{2H2} & \cdots & \tilde{y}_{2HcH} \\ \vdots & \vdots & & \vdots & & \vdots & \vdots & & \vdots \\ \tilde{y}_{m11} & \tilde{y}_{m12} & \cdots & \tilde{y}_{m1c1} & \cdots & \tilde{y}_{mH1} & \tilde{y}_{mH2} & \cdots & \tilde{y}_{mHcH} \end{matrix} \right) \end{array} \quad (2\text{-}14)
$$

对传统熵权法进行改进,使其更适用于云模型。通过改进的熵权法计算每个一级指标 C_h 下各二级指标 RF_{hz} 在所有失效模式 FM_i 下综合评价云的混乱程度,进而计算二级指标的熵权值 wO_{hz} 。混乱程度不仅可以通过评价云本身来表达,也可以通过云模型之间的相对距离来表达。通过式(2-15)获取每个二级指标下的平均云模型,根据云加法和数乘运算得到每个失效模式综合评估云与该指标下平均云模型的相对距离,形成云距离矩阵 $\boldsymbol{D}$ 。

$$
\bar{\tilde{y}}_{hz} = \frac{1}{m}\sum_{i=1}^{m}\tilde{y}_{ihz} = \left(\frac{1}{m}\sum_{i=1}^{m}Ex_{ihz}, \sqrt{\frac{1}{m}\sum_{i=1}^{m}En_{ihz}^2}, \sqrt{\frac{1}{m}\sum_{i=1}^{m}He_{ihz}^2} \right) \quad (2\text{-}15)
$$

$$
\boldsymbol{D} = \begin{array}{c} \\ FM_1 \\ FM_2 \\ \vdots \\ FM_m \end{array}
\begin{array}{c} \overset{C_1}{\overbrace{\begin{matrix} RF_{11} & RF_{12} & \cdots & RF_{1c1} \end{matrix}}} \quad\cdots\quad \overset{C_H}{\overbrace{\begin{matrix} RF_{H1} & RF_{H2} & \cdots & RF_{HcH} \end{matrix}}} \\ \left(\begin{matrix} d_{111} & d_{112} & \cdots & d_{11c1} & \cdots & d_{1H1} & d_{1H2} & \cdots & d_{1HcH} \\ d_{211} & d_{212} & \cdots & d_{21c1} & \cdots & d_{2H1} & d_{2H2} & \cdots & d_{2HcH} \\ \vdots & \vdots & & \vdots & & \vdots & \vdots & & \vdots \\ d_{m11} & d_{m12} & \cdots & d_{m1c1} & \cdots & d_{mH1} & d_{mH2} & \cdots & d_{mHcH} \end{matrix} \right) \end{array} \quad (2\text{-}16)
$$

其中, $d_{ihz} = d\left(y_{ihz}, \bar{y}_{hz}\right)$ 。

对一级指标 C_h 下各二级指标 RF_{hz} 的云距离进行归一化处理, 通过下式将每个二级指标的距离元素 d_{ihz} 映射到区间 $[0,1]$ 中, 获取归一化距离值:

$$P_{ihz} = \frac{d_{ihz}}{\sum_{i=1}^{m} d_{ihz}} \tag{2-17}$$

计算归一化距离矩阵中每列距离值的混乱度:

$$E_{hz} = -\frac{1}{\ln m} \sum_{i=1}^{m} P_{ihz} \ln P_{ihz} \tag{2-18}$$

二级评估指标 RF_{hz} 的发散度系数通过下式获得:

$$\mathrm{div}_{hz} = 1 - E_{hz} \tag{2-19}$$

计算每个二级评估指标 RF_{hz} 的客观权重:

$$wO_{hz} = \frac{\mathrm{div}_{hz}}{\sum_{z=1}^{ch} \mathrm{div}_{hz}} = \frac{1 - E_{hz}}{n - \sum_{z=1}^{ch} E_{hz}} \tag{2-20}$$

步骤 3.3: 构建二级层次 VIKOR 评价云矩阵

通过线性叠加方法, 综合二级评估指标的主观权重 wS_{hz} 和客观权重 wO_{hz}, 获取二级评估指标的综合权重值 w_{hz}, 公式如下:

$$w_{hz} = \alpha_S \times wS_{hz} + \alpha_O \times wO_{hz} \tag{2-21}$$

式中: α_S、α_O 分别为主观权重和客观权重比例系数, 可由决策者确定。

对二级评估指标下的综合评价云进行加权计算, 获取二级层次 VIKOR 评价云矩阵 $\tilde{Y}_2$, 公式如下:

$$\tilde{Y}_2 = \begin{array}{c} \\ FM_1 \\ FM_2 \\ \vdots \\ FM_m \end{array} \overset{\displaystyle \overset{C_1}{\overbrace{\begin{array}{cccc} RF_{11} & RF_{12} & \cdots & RF_{1c1} \end{array}}} \quad \cdots \quad \overset{C_H}{\overbrace{\begin{array}{cccc} RF_{H1} & RF_{H2} & \cdots & RF_{HcH} \end{array}}}}{\left(\begin{array}{ccccccccc} w_{11}\tilde{y}_{111} & w_{12}\tilde{y}_{112} & \cdots & w_{1c1}\tilde{y}_{11c1} & \cdots & w_{H1}\tilde{y}_{1H1} & w_{H2}\tilde{y}_{1H2} & \cdots & w_{HcH}\tilde{y}_{1HcH} \\ w_{11}\tilde{y}_{211} & w_{12}\tilde{y}_{212} & \cdots & w_{1c1}\tilde{y}_{21c1} & \cdots & w_{H1}\tilde{y}_{2H1} & w_{H2}\tilde{y}_{2H2} & \cdots & w_{HcH}\tilde{y}_{2HcH} \\ \vdots & \vdots & & \vdots & & \vdots & \vdots & & \vdots \\ w_{11}\tilde{y}_{m11} & w_{12}\tilde{y}_{m12} & \cdots & w_{1c1}\tilde{y}_{m1c1} & \cdots & w_{H1}\tilde{y}_{mH1} & w_{H2}\tilde{y}_{mH2} & \cdots & w_{HcH}\tilde{y}_{mHcH} \end{array} \right)} \tag{2-22}$$

步骤 3.4: 构建一级层次 VIKOR 评价云矩阵

对二级层次 VIKOR 评价云矩阵进行加权融合, 形成一级综合评价云矩阵 $\tilde{Y}_1$, 公式如下:

$$\tilde{Y}_1 = \begin{array}{c} \\ FM_1 \\ FM_2 \\ \vdots \\ FM_m \end{array} \overset{\begin{array}{cccc} C_1 & C_2 & \cdots & C_H \end{array}}{\left(\begin{array}{cccc} \tilde{y}_{11} & \tilde{y}_{12} & \cdots & \tilde{y}_{1H} \\ \tilde{y}_{21} & \tilde{y}_{22} & \cdots & \tilde{y}_{2H} \\ \vdots & \vdots & & \vdots \\ \tilde{y}_{m1} & \tilde{y}_{m2} & \cdots & \tilde{y}_{mH} \end{array} \right)} \tag{2-23}$$

其中, $\tilde{y}_{ih} = \sum_{z=1}^{ch} w_{hz} \tilde{y}_{ihz}$, 执行表 1-4 所示的云模型算数运算规则。

步骤 3.5: 一级指标主客观权重计算

重复步骤 3.1 至步骤 3.2 所述的主客观权重计算方法, 通过 AHP 方法或直接赋权法获取一级评价指标 C_h 的主观权重 wS_h; 采用熵权法对一级综合评价云矩阵 $\tilde{Y}_1$ 进行处理, 见式 (2-15) 至式 (2-20), 得到各个一级评估指标的客观权重向量 wO_h, 并通过式 (2-21) 所示方法计算一级指标的综合权重 w_h。

步骤 4: 失效模式风险优先度排序

利用一级指标综合权重 w_h 和一级层次 VIKOR 评价云矩阵, 对所有失效模式 FM_i 进行多准则决策分析, 判断"最大群效用值"和"最小后悔值", 确定失效模式的风险优先度排序。

步骤 4.1: 确定一级评价指标正负理想解

在 VIKOR 方法中, 正理想解和负理想解分别为评价指标的最优值和最差值。根据评估指标的性质, 分为效益型指标和成本型指标。效益型指标的评估值越高, 所反映的风险水平越高; 成本型指标的评估值越高, 所反映的风险水平越低。对于一级层次 VIKOR 评价云矩阵, 各个一级指标的正负理想解计算如下。

正理想解:

$$f_h^* = \begin{cases} \max_i(\tilde{y}_{ih}), h \in J^* \\ \min_i(\tilde{y}_{ih}), h \in J' \end{cases} \quad (h = 1, 2, \cdots, n) \tag{2-24}$$

负理想解:

$$f_h^- = \begin{cases} \min_i(\tilde{y}_{ih}), h \in J^* \\ \max_i(\tilde{y}_{ih}), h \in J' \end{cases} \quad (h = 1, 2, \cdots, n) \tag{2-25}$$

式中: J^* 为效益型指标; J' 为成本型指标。

对于 FMEA 分析, 其风险评价指标均为效益型指标, 即评估值越大, 所反映的风险等级越高。$\max(\tilde{y}_{ih})$ 和 $\min(\tilde{y}_{ih})$ 可分别通过云模型大小比较方法进行运算。

步骤 4.2: 确定一级指标最大群效用值与最小后悔值

基于 Hamming 距离的定义, 计算评价对象的最大群效用值 S_i 和最小后悔值 R_i 如下:

$$S_i = \sum_{h=1}^{n} w_h \frac{d(f_h^*, \tilde{y}_{ih})}{d(f_h^*, f_h^-)} \tag{2-26}$$

$$R_i = \max_h \left[w_h \frac{d(f_h^*, \tilde{y}_{ih})}{d(f_h^*, f_h^-)} \right] \tag{2-27}$$

式中: w_h 为每个风险评价指标 h 的权重; $d(f_h^*, \tilde{y}_{ih})$ 为正理想解 f_h^* 与综合评价云 $\tilde{y}_{ih}$ 之间的 Hamming 距离。

步骤 4.3: 确定优先度指数与失效模式排序值

风险优先度指数 Q_i 是综合最大群效用值 S_i 和最小后悔值 R_i 而得到的综合衡准指数, 表达式如下:

$$Q_i = v \frac{S_i - \overset{*}{S}}{\bar{S} - \overset{*}{S}} + (1-v)\frac{R_i - \overset{*}{R}}{\bar{R} - \overset{*}{R}} \tag{2-28}$$

其中，$\overset{*}{S} = \min_i S_i$，$\bar{S} = \max_i S_i$，$\overset{*}{R} = \min_i R_i$，$\bar{R} = \max_i R_i$，控制参数 v 反映了最大群效用值和最小后悔值之间的相对重要性程度，$v > 0.5$ 表示要根据大多数人的同意意见决策，$v < 0.5$ 表示要偏向于拒绝意见的决策，通常设 $v=0.5$。

对风险优先度指标 Q_i 进行升序排序，确定各失效模式的优先顺序。Q_i 值越小，表示失效模式 FM_i 的风险程度越高，进而可根据风险优先度顺序，确定风险防控策略，降低失效模式的风险水平。

2.3　案例研究

本研究针对埕北油田油气输送管道，对海底管道泄漏的典型失效原因开展定量 FMEA 分析，对每个管道泄漏风险因素进行二级评价指标维度下的风险等级评估，利用语言 Z 数描述专家评估信息，计算不同失效模式的量化风险优先度指数。本案例旨在进一步阐述改进 FMEA 方法的实施过程，分析该方法所得结果的合理性和有效性，为海底管道安全管理与风险防控提供参考和指导。

2.3.1　工程背景

埕北油田位于中国渤海西部海域，包括 A 区和 B 区两座井口平台。平台间通过海底管线进行连接，包括一条油气水混输管线、一条注水海底管线和一条海底电缆。管线长度约为 1.6 km。

该油田范围内平均水深 15.8 m，管道设计压力 1.5 MPa，设计温度 85 ℃。原有输油管道相关历史运行数据为入口压力 0.15 MPa，入口温度 95 ℃，环向应力 2.97 MPa，轴向应力 204 MPa，存在壁厚减薄现象，总体埋深较好，但有较短范围的管道裸露。

本研究针对埕北油田的油气水混输管线开展管道泄漏事故的风险评估，邀请了 5 位来自海洋石油工程股份有限公司的专家形成专家组，在充分了解该油田环境条件、工程设计、管道基本参数以及历史检测状况的前提下，对管道泄漏失效的基本风险因素进行评判。所有专家组成员均具有海底管道设计、安装、运营、维护及检验等工程一线相关工作背景，拥有较为丰富的工程经验积累。

将典型的海底管道失效原因视为 FMEA 理论中的失效模式进行处理和计算，以获取不同失效原因的量化风险优先度。根据 OGP 的数据库统计，以及国内外专家对海底管道失效原因的分析结果，结合专家经验判断，确定了 7 种典型失效原因，分别为腐蚀（FM_1）、外载荷影响（FM_2）、管道悬跨（FM_3）、自然灾害（FM_4）、材料缺陷（FM_5）、焊缝缺陷（FM_6）、辅助设备失效（FM_7）。

2.3.2　方法实施过程

2.3.2.1　语言性评估值收集与转换

基于 Theta 标度法,构建标准评价云模型,实现评价等级的数学描述,如图 2-3 所示。定义模型参数中评语区间为 [0, 10],评价范围划分为 9 个等级,选取语言评价集 T={EL, VL, L, RL, M, RH, H, VH, EH} 作为等级定义的语言变量,控制参数 e 定义为 1.37,表 2-2 给出了标准评价云模型的特征数值。

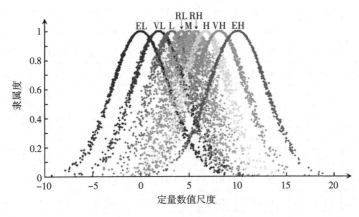

图 2-3　标准评价云模型

表 2-2　标准评价云

评语	符号	云模型
极低	EL	$\tilde{y}_{EL}$ =(0.000 0 , 3.019 1 , 0.104 8)
非常低	VL	$\tilde{y}_{VL}$ =(1.885 6 , 2.761 4 , 0.190 7)
低	L	$\tilde{y}_{L}$ =(3.262 0 , 2.287 3 , 0.348 7)
相对低	RL	$\tilde{y}_{RL}$ =(4.266 7 , 1.941 3 , 0.464 0)
中等	M	$\tilde{y}_{M}$ =(5.000 0 , 1.829 6 , 0.501 2)
相对高	RH	$\tilde{y}_{RH}$ =(5.733 3 , 1.941 3 , 0.464 0)
高	H	$\tilde{y}_{H}$ =(6.738 0 , 2.287 3 , 0.348 7)
非常高	VH	$\tilde{y}_{VH}$ =(8.114 4 , 2.761 4 , 0.190 7)
极高	EH	$\tilde{y}_{EH}$ =(10.000 0 , 3.019 1 , 0.104 8)

由 5 位海洋工程领域专家形成评价小组,分别由专家 k 给出失效模式 FM_i 在评价指标 RF_j 下的语言 Z 数评价值 $z_{ij}^k = (y_{ij}^k, c_{ij}^k)$,见表 2-3。其中 "$FM_1$-$RF_1$" 单元格中对应的 5 行元素分别表示专家 1~5 给出的语言 Z 数。

表 2-3　专家语言 Z 数评价值

失效模式	二级评价指标								
	RF_1	RF_2	RF_3	RF_4	RF_5	RF_6	RF_7	RF_8	RF_9
FM_1 腐蚀	(L,0.6)	(M,0.7)	(RL,0.7)	(M,0.8)	(L,0.9)	(RL,0.9)	(M,0.6)	(VL,0.6)	(RL,0.9)
	(RL,0.7)	(RL,0.9)	(RL,1)	(M,0.8)	(RL,0.9)	(RH,0.8)	(VL,0.7)	(RH,0.7)	(RH,0.5)
	(RL,0.7)	(RL,0.5)	(RH,0.8)	(M,0.8)	(RL,1)	(M,0.7)	(M,0.8)	(RH,0.8)	(RL,0.9)
	(M,0.8)	(RL,0.5)	(RL,0.8)	(L,0.8)	(M,0.8)	(L,0.6)	(RL,0.7)	(RL,0.9)	(M,0.6)
	(L,0.7)	(RH,0.9)	(H,0.9)	(M,0.5)	(VL,0.8)	(RH,0.8)	(L,0.6)	(VL,0.6)	(M,0.6)
FM_2 外载荷影响	(L,0.7)	(M,0.9)	(M,0.7)	(VL,0.9)	(RH,0.5)	(RL,0.7)	(VL,0.8)	(RH,0.5)	(RH,0.5)
	(RL,0.7)	(VL,0.7)	(RH,0.6)	(H,0.7)	(L,0.7)	(VL,0.6)	(L,0.6)	(VL,0.9)	(L,0.7)
	(VL,0.8)	(RH,0.7)	(M,0.8)	(M,0.6)	(M,0.9)	(M,0.9)	(RL,0.7)	(M,0.7)	(RH,0.5)
	(M,0.7)	(VL,0.6)	(RL,0.7)	(L,1)	(M,0.9)	(L,0.6)	(M,0.7)	(RH,0.9)	(RL,0.6)
	(RL,0.5)	(RL,1)	(RL,0.7)	(VL,0.9)	(M,0.9)	(L,0.8)	(RH,0.5)	(RH,0.9)	(L,0.6)
FM_3 管道悬跨	(L,0.5)	(RL,0.8)	(VL,0.8)	(L,0.7)	(RL,0.7)	(L,0.9)	(M,0.5)	(M,0.7)	(RL,0.5)
	(VL,0.9)	(RH,0.8)	(H,0.7)	(L,0.8)	(L,0.8)	(M,0.6)	(L,0.9)	(L,0.7)	(M,0.6)
	(L,0.5)	(L,0.8)	(RL,1)	(RH,0.9)	(RL,0.7)	(VL,0.8)	(RL,0.9)	(L,0.7)	(L,0.8)
	(VL,0.9)	(L,0.8)	(L,0.9)	(RL,0.6)	(RL,0.7)	(RH,1)	(M,0.8)	(M,0.6)	(L,1)
	(M,0.6)	(L,0.5)	(L,0.9)	(RL,0.6)	(RL,0.7)	(L,0.5)	(VL,0.9)	(RL,0.6)	(RH,0.9)
FM_4 自然灾害	(RL,0.9)	(H,0.9)	(RL,0.8)	(M,0.5)	(RL,0.6)	(RL,0.7)	(RH,0.7)	(M,0.8)	(M,0.8)
	(RL,0.6)	(RH,0.6)	(L,0.6)	(M,0.8)	(RL,0.7)	(VL,0.6)	(RL,0.8)	(RH,0.6)	(RL,0.7)
	(VL,0.6)	(L,0.6)	(L,0.9)	(L,0.9)	(M,0.7)	(RL,0.7)	(VL,0.8)	(RL,0.6)	(L,0.8)
	(L,0.7)	(L,0.6)	(H,0.6)	(L,0.6)	(M,0.8)	(RL,0.6)	(L,0.7)	(RL,0.7)	(L,0.9)
	(L,0.9)	(L,0.5)	(VL,0.7)	(RL,0.7)	(M,1)	(RL,0.7)	(M,0.9)	(RL,0.5)	(RL,0.7)
FM_5 材料缺陷	(H,0.7)	(RL,0.6)	(RL,0.9)	(L,0.7)	(RL,0.7)	(RH,0.7)	(VL,0.6)	(RL,1)	(M,0.9)
	(L,0.9)	(RH,0.5)	(RH,0.8)	(RL,0.7)	(L,0.6)	(VH,0.9)	(L,0.6)	(RL,0.5)	(RL,0.6)
	(VL,0.9)	(H,0.7)	(RL,1)	(RL,0.6)	(RL,0.9)	(VL,0.5)	(L,0.8)	(VL,0.6)	(M,0.7)
	(RL,0.5)	(M,0.8)	(RH,0.9)	(RL,0.6)	(RL,0.8)	(M,0.5)	(RH,0.7)	(VL,0.7)	(RH,0.9)
	(M,1)	(L,0.9)	(M,0.5)	(M,0.6)	(M,0.8)	(M,0.7)	(H,0.9)	(L,0.6)	(RL,0.9)
FM_6 焊缝缺陷	(L,0.9)	(RL,0.6)	(RL,0.5)	(M,0.5)	(H,1)	(M,0.8)	(RL,0.8)	(RL,0.5)	(L,1)
	(M,0.6)	(M,0.6)	(H,0.9)	(M,0.6)	(L,0.6)	(RH,0.7)	(RL,0.5)	(M,0.9)	(M,1)
	(VL,0.7)	(VL,0.7)	(L,0.9)	(L,0.7)	(RL,0.6)	(RH,0.6)	(VL,0.5)	(RH,0.7)	(L,0.5)
	(RH,0.6)	(RL,1)	(EL,1)	(RL,0.7)	(L,0.9)	(RH,0.6)	(H,0.8)	(RH,0.7)	(RL,0.8)
	(M,0.5)	(M,0.7)	(L,0.7)	(L,0.6)	(RL,0.9)	(M,0.6)	(L,1)	(M,0.6)	(M,0.9)
FM_7 辅助设备失效	(RL,0.5)	(RH,0.8)	(L,0.6)	(RH,0.9)	(M,0.6)	(RL,0.9)	(L,1)	(RH,0.6)	(L,0.9)
	(M,0.6)	(RL,0.9)	(RL,0.7)	(RL,0.6)	(L,0.9)	(M,0.8)	(L,0.6)	(M,0.5)	(RH,1)
	(RH,0.6)	(M,0.6)	(M,0.8)	(L,0.7)	(L,0.7)	(RH,0.6)	(L,0.8)	(L,0.6)	(RL,0.6)
	(RH,0.9)	(L,1)	(RL,0.6)	(RL,0.6)	(RL,0.9)	(RH,0.5)	(RH,0.7)	(RL,0.7)	(M,1)
	(RL,0.9)	(RH,0.6)	(M,0.7)	(RL,1)	(M,0.9)	(RH,0.6)	(H,0.7)	(RL,0.6)	(M,0.5)

2.3.2.2　专家权重计算与评估值融合

1. 专家信息权重

获取 5 位评估专家的个人信息,见表 2-4。结合表 2-1 所示的分值标准,对每位专家赋予分值 S_{inf}。专家个人信息权重向量 w_{inf} 根据式(2-3)计算。

表 2-4　专家个人信息

序号	专业职称	工龄	学历	年龄	得分(S_{inf})	权重(w_{inf})
专家 1	高级工程师	19 年	本科学历	48 岁	14	0.259 3
专家 2	普通工人	23 年	大专学历	52 岁	11	0.203 7
专家 3	初级工程师	16 年	本科学历	38 岁	11	0.203 7
专家 4	技术工人	5 年	中专学历	29 岁	5	0.092 6
专家 5	中级工程师	7 年	博士学历	34 岁	13	0.240 7

2. 评语一致度

通过式(2-4)至式(2-7),确定每个准则 RF_j 下对失效模式 FM_i 评价值的相对一致度。以"FM_1-RF_1"为例(表 2-5),得到的 5 个语言性评价值分别为"L""RL""RL""M""L",并转化为相应的云模型。不同的专家给出的评价值不一致,通过评语相似性分析得到每个评语的权重。

表 2-5　风险准则 RF_1 下 FM_1 的评语一致度计算

$d(k,v)$	专家 1	专家 2	专家 3	专家 4	专家 5
专家 1	0.000 0	1.385 0	1.385 0	2.140 8	0.000 0
专家 2	1.385 0	0.000 0	0.000 0	0.791 1	1.385 0
专家 3	1.385 0	0.000 0	0.000 0	0.791 1	1.385 0
专家 4	2.140 8	0.791 1	0.791 1	0.000 0	2.140 8
专家 5	0.000 0	1.385 0	1.385 0	2.140 8	0.000 0
Ad	1.227 7	0.890 3	0.890 3	1.466 0	1.227 7
AA	0.814 5	1.123 3	1.123 3	0.682 2	0.814 5
RA	0.178 7	0.246 5	0.246 5	0.149 7	0.178 7

3. 信度权重

在评估指标 RF_i 下,对于每个失效模式 FM_i,评估专家给出的评语置信度影响着该评语的重要性程度,这种重要性差异可通过信度权重来反映。例如,评估对象"FM_1-RF_1",5 位专家给出的信度指数分别为 $c_{11}^1 = 0.6$,$c_{11}^2 = 0.7$,$c_{11}^3 = 0.7$,$c_{11}^4 = 0.8$,$c_{11}^5 = 0.7$,通过式(2-8)可计算得出该评价对象下不同专家的信度权重为

$$wc_{11}^1 = 0.6/(0.6+0.7+0.7+0.8+0.7) = 0.171 4$$

$$wc_{11}^2 = wc_{11}^3 = wc_{11}^5 = 0.7/(0.6+0.7+0.7+0.8+0.7) = 0.2$$

$$wc_{11}^4 = 0.8/(0.6+0.7+0.7+0.8+0.7) = 0.228\,6$$

因此,可计算得到动态综合权重向量 $w_{11} = (0.191\,2, 0.214\,7, 0.214\,7, 0.177\,7, 0.201\,8)$。此处设定松弛系数 $\alpha = 0.2$,$\beta = 0.3$,$\sigma = 0.5$。

同理,可根据不同评估对象下的评估值和信度指数,计算每个评语的动态综合权重向量 w_{ij}。

4. 构建综合评价云矩阵

对于每个评估对象"FM_i-RF_j",将5个评价云模型进行融合计算。考虑每个评价云的权重,通过动态综合权重向量进行有序加权融合,计算公式为式(2-10)至式(2-12)。对于评估对象"FM_1-RF_1",融合计算过程见表2-6。重复上述动态综合权重计算与评价值融合过程,获取不同失效模式 FM_i 在不同风险指标 RF_j 下的综合评价云模型,见表2-7。

表2-6　评价云的融合计算过程

	B_{11}^k	$\tilde{Y}_x$	w_{ord}^x	聚合云模型 $\tilde{y}_{11}$
专家1	$(3.118\,2, 2.236\,3, 0.340\,9)$	$(4.579\,8, 2.011\,2, 0.480\,7)$	0.066 7	
专家2	$(4.579\,8, 2.011\,2, 0.480\,7)$	$(4.579\,8, 2.011\,2, 0.480\,7)$	0.266 7	
专家3	$(4.579\,8, 2.011\,2, 0.480\,7)$	$(4.442\,6, 1.724\,6, 0.472\,5)$	0.266 7	$(4.004\,6, 2.053\,2, 0.429\,8)$
专家4	$(4.442\,6, 1.724\,6, 0.472\,5)$	$(3.290\,8, 2.297\,4, 0.350\,2)$	0.266 7	
专家5	$(3.290\,8, 2.297\,4, 0.350\,2)$	$(3.118\,2, 2.236\,3, 0.340\,9)$	0.133 3	

表2-7　综合加权云矩阵

失效模式	综合加权云矩阵		
	RF_1	RF_2	RF_3
FM_1	$(4.004\,6, 2.053\,2, 0.429\,8)$	$(4.639\,8, 1.928\,3, 0.478\,2)$	$(4.881\,9, 1.985\,8, 0.462\,9)$
FM_2	$(3.784\,8, 2.128\,5, 0.413\,3)$	$(3.875\,3, 2.251\,7, 0.395\,9)$	$(4.813\,1, 1.887\,7, 0.475\,6)$
FM_3	$(2.821\,8, 2.510\,8, 0.306\,3)$	$(3.785\,6, 2.208\,5, 0.396\,4)$	$(3.724\,2, 2.315\,5, 0.379\,6)$
FM_4	$(3.431\,9, 2.237\,5, 0.377\,1)$	$(4.064\,3, 2.185\,7, 0.376\,8)$	$(3.717\,6, 2.306\,1, 0.378\,5)$
FM_5	$(4.119\,6, 2.173\,9, 0.416\,7)$	$(4.827\,6, 1.990\,0, 0.453\,5)$	$(4.894\,0, 1.946\,7, 0.472\,9)$
FM_6	$(4.248\,3, 2.145\,3, 0.419\,7)$	$(4.310\,7, 2.027\,3, 0.459\,2)$	$(3.405\,2, 2.333\,6, 0.365\,1)$
FM_7	$(4.949\,7, 1.920\,3, 0.475\,7)$	$(4.772\,7, 1.952\,0, 0.459\,5)$	$(4.415\,5, 1.947\,0, 0.466\,4)$
失效模式	RF_4	RF_5	RF_6
FM_1	$(4.865\,9, 1.884\,4, 0.490\,3)$	$(3.814\,0, 2.120\,0, 0.416\,1)$	$(5.005\,4, 1.970\,1, 0.471\,4)$
FM_2	$(3.289\,1, 2.440\,4, 0.338\,8)$	$(4.924\,7, 1.896\,7, 0.476\,9)$	$(3.562\,8, 2.239\,8, 0.386\,7)$
FM_3	$(3.913\,3, 2.085\,5, 0.417\,8)$	$(4.156\,0, 1.984\,0, 0.452\,6)$	$(3.692\,9, 2.245\,2, 0.385\,7)$
FM_4	$(4.145\,5, 2.066\,8, 0.437\,6)$	$(4.570\,5, 1.839\,9, 0.479\,6)$	$(4.052\,3, 2.042\,6, 0.445\,7)$
FM_5	$(4.227\,9, 1.942\,5, 0.455\,7)$	$(4.346\,5, 1.948\,5, 0.463\,5)$	$(5.211\,9, 2.067\,1, 0.454\,8)$
FM_6	$(4.102\,9, 2.059\,5, 0.434\,8)$	$(4.086\,0, 2.108\,0, 0.418\,1)$	$(5.393\,0, 1.889\,5, 0.478\,5)$
FM_7	$(4.399\,7, 2.012\,9, 0.461\,2)$	$(4.063\,5, 2.044\,3, 0.433\,1)$	$(5.207\,4, 1.891\,7, 0.470\,4)$

续表

失效模式	综合加权云矩阵		
	RF_7	RF_8	RF_9
FM_1	（3.935 1,2.104 1,0.424 2）	（3.854 4,2.279 4,0.383 9）	（4.747 2,1.932 8,0.481 5）
FM_2	（4.000 9,2.153 0,0.421 5）	（4.966 3,2.009 4,0.445 6）	（4.278 8,2.096 1,0.417 4）
FM_3	（3.928 0,2.096 4,0.421 6）	（4.000 9,2.039 3,0.429 3）	（4.055 8,2.051 0,0.425 7）
FM_4	（4.112 8,2.114 4,0.413 5）	（4.529 7,1.906 0,0.460 6）	（3.964 4,2.083 6,0.428 2）
FM_5	（3.891 2,2.269 9,0.363 1）	（2.941 9,2.327 1,0.339 4）	（4.769 3,1.883 4,0.472 8）
FM_6	（4.093 5,2.230 2,0.416 7）	（5.178 0,1.879 1,0.472 7）	（4.169 4,2.060 1,0.438 9）
FM_7	（4.079 4,2.251 9,0.380 4）	（4.503 9,1.976 4,0.465 9）	（4.574 9,1.918 2,0.468 3）

2.3.2.3　评估指标体系权重计算与融合

综合考虑二级评价指标的主观权重和客观权重,实现二级评价云的融合计算。主观权重可通过层次分析法或直接赋权法进行确定。本研究由于涉及的评价指标数量有限,最多对四个评价指标进行比较判断,因此采用直接赋权法给出同级指标之间的相对权重向量。其中,一级指标"事件发生度 O"下仅有一个二级指标"事故频率 RF_1",无须进行二级指标融合;一级指标"后果严重度 S"下有四个二级指标,分别为"人员伤亡 RF_2""结构损伤 RF_3""环境影响 RF_4""工期延误 RF_5",采用直接赋权法赋予 $RF_2 \sim RF_5$ 指标权重向量为 $\boldsymbol{wS_2} = （0.25, 0.25, 0.25, 0.25）$;同理,一级指标"危险探测度 D"和"安全维护度 M"分别包含两个指标,均赋予权重向量 $\boldsymbol{wS_3} = \boldsymbol{wS_4} = （0.5, 0.5）$。

采用熵权法获取二级指标的相对客观权重,根据 2.2 节步骤 3 中获取的综合加权云进行计算。以一级指标"后果严重度 S"下属的四个二级指标为例,综合加权云见表 2-7。通过式（2-15）分别计算指标 $RF_2 \sim RF_5$ 的平均云模型,将每个失效模式 FM_i 的综合加权云分别与该评价指标下的平均云进行对比,通过式（2-16）计算 Hamming 距离矩阵并进行归一化,得到归一化距离矩阵 $\boldsymbol{P}$,以便于熵权法的进一步处理。进而,根据式（2-18）至式（2-20）依次计算每个评价指标的信息熵 E、发散系数 div 和客观权重 wO_2,见表 2-8。

本研究定义主观权重和客观权重的比例系数分别为 $\alpha_S = 0.5$ 和 $\alpha_O = 0.5$,得到二级评估指标的综合权重向量

$$w_2 = 0.5 \times （0.25, 0.25, 0.25, 0.25）+0.5 \times （0.103 0, 0.031 0, 0.643 6, 0.222 4）$$
$$= （0.176 5, 0.140 5, 0.446 8, 0.236 2）$$

同理,可获取每个一级指标下的二级指标综合权重向量,对综合评价云进行加权运算得到二级层次 VIKOR 评价云矩阵 $\tilde{\boldsymbol{Y}}_2$,融合后得到一级综合评价云矩阵 $\tilde{\boldsymbol{Y}}_1$,见表 2-9。进而,重复上述权重计算过程,分别通过直接赋权法和评价云的熵权法,计算四个一级评价指标的主观权重和客观权重,获取综合权重向量,见表 2-10。

表 2-8　评价指标客观权重计算

评价指标		RF_2	RF_3	RF_4	RF_5
平均云模型		（4.325 1, 2.081 3, 0.433 0）	（4.264 5, 2.111 6, 0.431 3）	（4.134 9, 2.076 8, 0.436 0）	（4.280 2, 1.994 0, 0.449 2）
海明距离 D	FM_1	0.522 8	0.709 0	0.899 9	0.582 6
	FM_2	0.658 6	0.832 0	1.328 9	0.696 7
	FM_3	0.645 2	0.787 8	0.222 0	0.127 1
	FM_4	0.379 8	0.772 2	0.030 5	0.517 1
	FM_5	0.563 2	0.777 1	0.391 8	0.140 2
	FM_6	0.142 3	1.059 8	0.060 7	0.370 2
	FM_7	0.575 4	0.483 5	0.315 4	0.256 4
归一化距离 P	FM_1	0.149 9	0.130 8	0.277 0	0.216 6
	FM_2	0.188 9	0.153 5	0.409 0	0.259 0
	FM_3	0.185 0	0.145 3	0.068 3	0.047 2
	FM_4	0.108 9	0.142 4	0.009 4	0.192 2
	FM_5	0.161 5	0.143 3	0.120 6	0.052 1
	FM_6	0.040 8	0.195 5	0.018 7	0.137 6
	FM_7	0.165 0	0.089 2	0.097 1	0.095 3
信息熵 E		0.963 7	0.989 1	0.773 0	0.921 6
发散系数 div		0.036 3	0.010 9	0.227 0	0.078 4
客观权重 wO_2		0.103 0	0.031 0	0.643 6	0.222 4

表 2-9　一级综合评价云矩阵

失效模式	一级综合评价云矩阵			
	C_1	C_2	C_3	C_4
FM_1	（4.004 6, 2.053 2, 0.429 8）	（4.579 8, 1.964 3, 0.467 7）	（4.426 8, 2.043 6, 0.446 5）	（4.163 8, 2.165 6, 0.420 3）
FM_2	（3.784 8, 2.128 5, 0.413 3）	（3.993 0, 2.215 0, 0.405 5）	（3.799 6, 2.193 3, 0.405 9）	（4.728 0, 2.039 9, 0.436 0）
FM_3	（2.821 8, 2.510 8, 0.306 3）	（3.921 5, 2.118 2, 0.417 5）	（3.820 0, 2.166 1, 0.405 5）	（4.019 9, 2.043 3, 0.428 1）
FM_4	（3.431 9, 2.237 5, 0.377 1）	（4.171 4, 2.073 3, 0.430 2）	（4.085 0, 2.081 7, 0.428 6）	（4.333 7, 1.969 4, 0.449 6）
FM_5	（4.119 6, 2.173 9, 0.416 7）	（4.455 3, 1.953 0, 0.459 6）	（4.497 9, 2.179 1, 0.407 8）	（3.575 3, 2.183 6, 0.390 8）
FM_6	（4.248 3, 2.145 3, 0.419 7）	（4.037 6, 2.106 0, 0.426 3）	（4.690 5, 2.080 6, 0.446 1）	（4.828 4, 1.943 7, 0.461 3）
FM_7	（4.949 7, 1.920 3, 0.475 7）	（4.388 4, 2.000 6, 0.455 2）	（4.597 6, 2.094 1, 0.424 1）	（4.528 5, 1.956 5, 0.466 7）

表 2-10　一级评价指标权重向量

一级评价指标	C_1	C_2	C_3	C_4
主观权重	0.250 0	0.250 0	0.250 0	0.250 0
客观权重	0.519 6	0.225 9	0.082 0	0.172 5
综合权重	0.384 8	0.237 9	0.166 0	0.211 3

2.3.2.4　失效模式风险优先度排序

基于获得的一级综合评价云矩阵,将云理论与 VIKOR 方法相结合,确定各种失效模式的优先度。利用式(2-24)和式(2-25)确定每个一级评价指标的正理想解云和负理想解云,见表 2-11。

表 2-11　一级评价指标的正负理想解云

一级评价指标	正理想解云	负理想解云
C_1	(4.949 7, 1.920 3, 0.475 7)	(2.821 8, 2.510 8, 0.306 3)
C_2	(4.579 8, 1.964 3, 0.467 7)	(3.921 5, 2.118 2, 0.417 5)
C_3	(4.690 5, 2.080 6, 0.446 1)	(3.799 6, 2.193 3, 0.405 9)
C_4	(4.828 4, 1.943 7, 0.461 3)	(3.575 3, 2.183 6, 0.390 8)

将每个一级综合评价云与正、负理想解云进行比较,计算海明距离矩阵。基于一级评价指标综合权重,利用式(2-26)和式(2-27)计算每个失效模式的最大群效用值 S_i 和最小后悔值 R_i,根据式(2-28)计算得到综合风险指标 Q_i 并按升序排列,其中参数 v 设置为 0.5,结果如表 2-12 和图 2-4 所示。

表 2-12　失效模式评价指标值及排序

失效模式	海明距离矩阵				最大群效用 S	最小后悔值 R	风险优先度 Q	S 排序	R 排序	Q 排序
	C_1	C_2	C_3	C_4						
FM_1	0.375 1	0.000 0	0.302 4	0.643 7	0.330 5	0.144 3	0.253 4	2	2	2
FM_2	0.481 2	1.168 2	1.000 0	0.199 7	0.671 3	0.278 0	0.681 0	6	6	6
FM_3	1.000 0	1.000 0	0.954 5	0.601 5	0.908 3	0.384 8	1.000 0	7	7	7
FM_4	0.649 6	0.645 2	0.642 4	0.352 3	0.584 6	0.250 0	0.581 5	5	5	5
FM_5	0.404 3	0.166 9	0.349 4	1.000 0	0.464 6	0.211 3	0.444 1	4	4	4
FM_6	0.348 2	0.854 7	0.000 0	0.000 0	0.337 4	0.203 4	0.350 2	3	3	3
FM_7	0.000 0	0.275 3	0.102 4	0.213 6	0.127 6	0.065 5	0.000 0	1	1	1

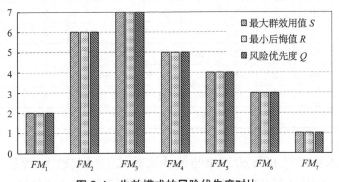

图 2-4　失效模式的风险优先度对比

2.4　结果与讨论

2.4.1　计算结果分析

根据风险优先度 Q 的排序结果,得到各个失效模式的风险程度排序结果为 $FM_7 > FM_1 > FM_6 > FM_5 > FM_4 > FM_2 > FM_3$,如图 2-4 所示。失效模式 FM_1 的风险优先度最大,需要在安全管理中优先设定防控措施。

最大群效用值 S 和最小后悔值 R 也可以通过数值大小排序给出评价结果,如图 2-4 所示。可以看到,实例中所得三个评价指数的排序值具有一致性。一方面是由于本研究涉及失效模式的数量有限,在固定的评价指数值域 [0,1] 内容易产生较大的差距;另一方面,由于专家给出的评估值对不同的失效模式的区分度相对较高,通过该方法的计算过程容易对风险等级进行区分,使得三个评价指数给出了同样的评价结果。然而,在相关文献研究中,最大群效用值 S、最小后悔值 R 的排序结果往往具有一定的差异性,为了综合考量二者作用,通常选择优先度指数 Q 值作为最终评价标准以反映总体风险程度。

表 2-13 统计了不同失效模式下各评价指标的个数,可对专家评价结果的分布进行观察对比。可以看出,FM_7 中涉及中等水平以上的等级数量较多,"RH"与"H"等级数量之和达到了 12,具有较大的优势,评估结果位列风险优先度首位;FM_1 和 FM_6 分别列第 2 位和第 3 位,"M"等级评估值数量达到 12 次,且具有较多的"RH"等级数量,分别为 7 次和 6 次;FM_5 和 FM_4 位列第 4、5 位,"M""RH""H"等级数量分别递减,主体评估等级前移,风险等级降低;而 FM_3 则主要集中于"L"和"RL"等级,总体水平相对最低,位列第 7 位。通过数据对比可以发现,改进 FMEA 评估方法所得结果具有一定的合理性,符合评估值统计的总体规律。

表 2-13　评价等级数量统计结果

失效模式	评价等级数量统计									Q 值排序
	EL	VL	L	RL	M	RH	H	VH	EH	
FM_1	0	4	6	15	12	7	1	0	0	2
FM_2	0	5	5	8	11	9	1	0	0	6
FM_3	0	5	17	11	7	4	1	0	0	7
FM_4	0	4	12	16	8	3	2	0	0	5
FM_5	0	5	7	14	6	6	3	1	0	4
FM_6	1	3	10	10	12	6	3	0	0	3
FM_7	0	0	10	13	10	11	1	0	0	1

同时,可以看到 FM_2 的评价结果与统计比较结果反差较大,评价等级主要集中于"RL""M""RH",相比于第 2、3 位的 FM_1 和 FM_6 并无明显偏小的趋势,与第 6 位的评价结

果并不匹配。这是由于改进方法中充分考虑了专家评语主客观权重、评价指标主客观权重、多评价信息融合等复杂因素,使得分析的结果产生了较为明显的变动。尤其对于位于中间位次的失效模式,在优先度难以辨别时,改进方法能够给出定量明确的位次划分结果,说明了该方法具有一定的先进性。

2.4.2　模型参数敏感性分析

在提出的改进 FMEA 方法中,引入了多个重要控制参数需要由决策者确定,包括:①用于控制“最大群效用值”与“最小后悔值”相对重要程度的控制参数 v;②用于衡量评价指标主客观权重比例的权重系数 α_S 和 α_O;③用于反映专家个人信息、评价值一致和个人信度三个方面重要性程度的松弛因子 α、β、σ。为了验证所提方法的稳健性,并研究上述参数对失效模式排序结果的影响,开展参数敏感性分析,选取不同参数值重复多次执行上述评估计算过程,比较排序结果。

2.4.2.1　控制参数 v

在 2.2 节步骤 4.3 中,通过控制参数 v 的取值区分评价结果的“最大群效用值”与“最小后悔值”的相对重要程度,以获取综合的失效模式风险优先度。v 的取值区间为 $[0, 1]$,在区间内分别取值 $v = 0.1$、0.3、0.5、0.7、0.9,重复上述评估计算过程,其他条件保持不变,得到的风险优先度指数如图 2-5 所示。

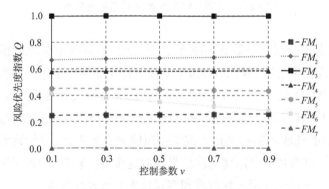

图 2-5　控制参数 v 的敏感性分析

可以看出,在控制参数 v 的不同取值下,各个失效模式的风险优先度指数存在一定的差异,数值结果在一定范围内发生波动,其中 FM_6 和 FM_2 波动幅度较大。但不同失效模式的排序结果总保持不变,均为 $FM_7 > FM_1 > FM_6 > FM_5 > FM_4 > FM_2 > FM_3$。该现象表明,在当前评估数据条件下,根据各个专家给出的评估值和决策者确定的各个权重控制系数,得到的失效模式风险优先度排序结果不随着控制参数 v 的变化而变化,该参数的敏感性很低。同时,由表 2-12 可以看出,最大群效用值和最小后悔值的排序结果一致,导致控制参数 v 不再影响风险优先度结果。然而,在其他评估输入条件下,存在最大群效用值和最小后悔值不一致的情况,参数 v 将会发挥平衡二者关系的作用,得到折中考量的风险优先度评估结果。

2.4.2.2　主客观权重系数 α_S 和 α_O

在 2.2 节步骤 3.5 中,二级评价指标和一级评价指标的相对权重通过直接赋权法(主观)和基于云模型的熵权法(客观)综合得到,主观权重体现了决策者对不同指标的重要性倾向,客观权重是根据专家实际评估结果动态获取的,二者对指标重要度的衡量具有不同的意义。因此,主客观权重系数 α_S 和 α_O 的选择将会直接影响两级评估指标的权重计算,进而影响指标评价云模型的融合与风险优先度排序结果。权重系数 α_S 和 α_O 的取值均为 [0, 1],且 $\alpha_S + \alpha_O = 1$。因此,可分别选取 $\alpha_S = 0.1、0.3、0.5、0.7、0.9$ 来分析其敏感性,通过重复评估计算过程得到的风险优先度排序值如图 2-6 所示。

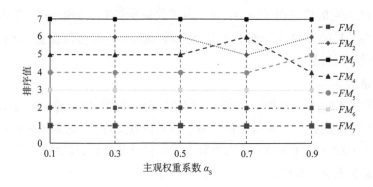

图 2-6　主客观权重系数 α_S 的敏感性分析

可以得出,随着主观权重系数 α_S 由低到高变化时,主观权重在评价指标综合权重中的影响逐渐增大,客观权重的影响降低,导致失效模式的排序顺序发生一定程度的变动。位次变动主要发生在 FM_2、FM_4、FM_5 上,说明中间位次的失效模式容易受到权重系数的影响;而其他失效模式的位次保持稳定,如 FM_7 和 FM_3 始终为最高风险优先度和最低风险优先度,说明主观权重系数的选取未影响到最大或最小风险的失效模式,评估结果的总体趋势性不会发生变化。因此,该参数对风险优先度结果的判定敏感性较低,但为了区分中间位次事件间的等级排序,有必要合理权衡主观权重和客观权重的重要性程度。

2.4.2.3　专家权重松弛因子 α、β 和 σ

在 2.2 节步骤 2.4 中,专家评价的动态综合权重 w_{ij}^k 用于专家评价云模型的融合计算,由专家个人信息权重、评语一致度和信度权重综合计算得到,通过松弛因子 α、β 和 σ 来衡量每个因素的重要性。松弛因子满足:α、β、$\sigma \in [0, 1]$,且 $\alpha + \beta + \sigma = 1$。通过选取值域内三个松弛因子的不同取值,计算风险优先度排序结果来判断其敏感性程度,如图 2-7 所示,其横坐标为松弛因子的不同组合情况,纵坐标为每个失效模式的排序结果。

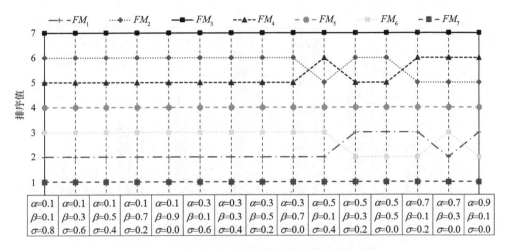

图 2-7　专家动态综合权重松弛因子的敏感性分析

由图 2-7 可以看出,随着松弛因子的变化,失效模式 FM_7 始终具有最高风险优先度,且 FM_3 具有最低的风险优先度,FM_5 保持第 4 位次不变,其他失效模式的排序值发生比较明显的变动,尤其在松弛因子 α 取值超过 0.3 时变化明显。上述现象表明,松弛因子的选择会对风险优先度计算结果产生一定影响,尤其针对中间位次失效模式影响较大,而对于风险优先度最高或最低的失效模式影响很小,不会改变多个评价对象的总体风险排序状况。因此,为了有效辨别中风险等级的失效模式,充分考虑专家综合权重三方面因素的相对重要程度,具有一定的必要性与合理性。

2.4.3　模型比较分析

为了验证本研究方法的合理性,说明方法的相对优势,本节基于当前专家评估数据,利用传统的 FMEA 方法和层次云-逼近理想解排序法(Technique for Order Preference by Similarity to an Ideal Solution, TOPSIS)进行分析计算,对各个失效模式的风险评价结果进行对比分析,如表 2-14 和图 2-8 所示。

表 2-14　不同方法结果对比

失效模式	传统 FMEA		层次云-TOPSIS		本研究提出的改进方法	
	RPN	排序	*CC*	排序	*Q*	排序
FM_1	486 371	3	0.585 7	2	0.253 4	2
FM_2	365 575	5	0.338 9	5	0.681 0	6
FM_3	153 360	7	0.069 1	7	1.000 0	7
FM_4	274 654	6	0.337 4	6	0.581 5	5
FM_5	513 986	2	0.533 3	4	0.444 1	4
FM_6	448 581	4	0.552 2	3	0.350 2	3
FM_7	821 121	1	0.916 8	1	0.000 0	1

注:CC—相近度系数,Correlation Coef。

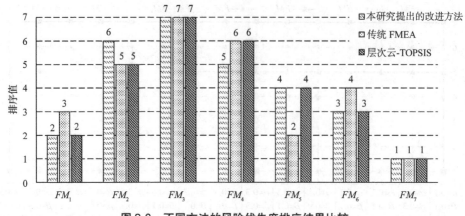

图 2-8　不同方法的风险优先度排序结果比较

传统的 FMEA 方法将各个评估指标下的评估等级值处理为精确数字,例如,根据本章定义的评价等级集合 {"EL","VL","L","RL","M","RH","H","VH","EH"} 中,等级 "L" 处于第 3 等级,因此将 "L" 作为数字 "3" 进行计算。考虑到专家信息的融合,将专家的个人信息权重 $w_{\inf}^k$ 作为各个专家评价值融合的权重,计算每个指标下的综合评价数值。风险优先度指数 RPN 定义为多个评价指标值的乘积,即 $RPN = RF_1 \times RF_2 \times \cdots \times RF_n$,由于本章定义了 9 个二级评价指标,将所有评价指标值的乘积作为失效模式的风险优先度指数,结果保留整数部分,见表 2-14。

层次云-TOPSIS 方法利用云模型处理专家评价等级信息,考虑专家个人信息权重并选择加权平均算子进行多评价云模型的融合计算,利用德尔菲法或层次分析法确定评价指标的主观权重,并采用 TOPSIS 法获取每个失效模式的相近度系数 CC。根据本节案例中的专家评价信息,采用层次云-TOPSIS 方法计算得到的相近度系数 CC 及其排序结果见表 2-14。

由图 2-8 可以看出,传统 FMEA 方法、层次云-TOPSIS 方法与本研究提出的改进 FMEA 方法得出的失效模式风险优先度排序有所区别,但是风险优先度最高的失效模式均指向 FM_7,且最低的均指向 FM_3,说明了本研究方法的合理性和有效性。

传统 FMEA 方法给出的优先度顺序为 $FM_7 > FM_5 > FM_1 > FM_6 > FM_2 > FM_4 > FM_3$,与本研究方法的区别在于 FM_5、FM_1、FM_6、FM_2、FM_4 的排序位次不同,但均认为 FM_5、FM_1、FM_6 的优先度高于 FM_2 和 FM_4,且 FM_1 高于 FM_6。产生这种差异的原因在于传统 FMEA 方法直接将不同的风险指数评价值进行乘法运算,忽略了不同评估指标之间的相对重要程度。定性的评估值直接处理为确定性的等级数值用于分析计算,没有考虑到语言性评价值中存在的模糊性和随机性问题。而本研究提出的改进 FMEA 方法通过云模型来处理语言性评语,将定性概念处理为定量的数学模型,能够有效处理定性概念中的模糊性和随机性。同时,构建了二级层次评价指标体系,分层考虑了评价指标间的相对重要度,提高了评价语言信息融合的合理性。

层次云-TOPSIS 方法得出的优先度排序为 $FM_7 > FM_1 > FM_6 > FM_5 > FM_2 > FM_4 > FM_3$,与本研究方法的区别仅在于 FM_2 和 FM_4 的顺序不同,其他位次保持一致。其原因包括以下几个方面。

首先,层次云-TOPSIS 方法仅考虑专家个人信息权重用于多个评价云的融合,改进 FMEA 方法增加考虑了不同专家评语之间的一致度和评语置信度,评语一致度较高和置信度较高的评价值被赋予了更高的权重。同时,采用云模型的混合融合算子 CHA 用于评价云融合,既考虑了专家评语权重,又考虑了评价云之间的顺序权重,中间位次的评价云被赋予更高权重,使得评价云模型融合过程更加合理。

其次,改进 FMEA 方法综合考虑了评价指标的主观权重和客观权重,通过层次分析法或直接赋权法获取同级指标之间的主观权重,反映了决策者的态度偏好;又通过改进的熵权法处理多个综合评价云,获取当前评估值条件下的评价指标客观权重,体现专家评价值中客观存在的评价指标重要度倾向情况。

最后,层次云-TOPSIS 方法通过相近度系数 CC 衡量多评价准则下失效模式的风险优先度,认为距离正理想解越近,且距离最理想解越远的失效模式具有更高的风险等级。而改进 FMEA 方法采用了 VIKOR 方法进行多评估指标下的风险排序,体现了一种最优化妥协折中策略,基于测度聚合函数与线性规范化方法,实现“群体效益”最大化和“个别遗憾”最小化之间的优化折中决策,与 TOPSIS 方法相比具有更高的先进性。

因此,本研究提出的改进 FMEA 方法在以下几个方面有明显的优势。

(1)采用云模型来描述领域专家语言判断的模糊性和随机性,其中评语论域上的隶属度由正态隶属函数表示,随机性由正态分布表示。同时,采用云混合聚合算子进行不同评价的融合,将专家动态综合权重和多个评价云的顺序权重进行融合,从而获取更加客观合理的综合评价云。云模型及其聚合算子为处理语义表示中的不确定性提供了一种更有效的工具。

(2)提出了一种动态权重构造方法,以反映专家对每种失效模式相对于各个评价指标的重要程度。在衡量专家工程经验方面的权重时,不仅考虑其个人信息,还分析了同一评价对象下评价值的一致性程度来处理意见分歧。因此,随着评价对象的变化,专家评语被赋予的权重将会不同,实现了专家权重的动态变化。

(3)改进了熵权法,使其更适用于云模型。对于各个风险因素,多个评价云的无序度被视为反映重要度的关键因素,并用于确定各风险因素的目标权重。因此,这些风险因素都被赋予了合理的权重进而进行综合评价。

(4)提出的改进 FMEA 方法利用语言 Z 数模型对 VIKOR 方法进行了扩展,从而确定风险优先度。在不确定环境下,考虑了多数人的最大群效用值和反对者的最小后悔值两个因素,提供了一个折中的解决方案。

2.4.4　结论

本研究建立了海底管道失效风险评估的二级评估指标体系,包括事件发生度、后果严重度、危险探测度和安全维护度等四个一级评价指标,以及事故频率、人员伤亡等九个二级指标。为了提高 FMEA 风险分析方法在不确定性条件下的有效性,提出了基于语言 Z 数和

VIKOR 的改进 FMEA 评估方法,获取了扩展指标体系下的管道失效模式量化风险优先度指标。开展了风险评估案例分析,获取不同专家的评估数据对管道失效因素进行风险排序计算和参数敏感性分析,并与经典 FMEA 方法和层次云-TOPSIS 方法计算结果进行对比验证,得到下述结果。

（1）对于评估的几种典型管道失效因素,其风险水平排序结果为 FM_7（辅助设备失效）$> FM_1$（腐蚀）$> FM_6$（焊缝缺陷）$> FM_5$（材料缺陷）$> FM_4$（自然灾害）$> FM_2$（外载荷影响）$> FM_3$（管道悬跨）。

（2）根据敏感性分析,控制参数 v 的敏感性较低,风险优先度指数发生变动,但排序结果未随着控制参数 v 而变化;主观权重系数 α_S 和 α_O,以及专家权重松弛因子 α、β 和 σ 会对风险优先度计算结果产生一定影响,尤其针对中间位次失效模式影响较大,而对于最大或最小风险的失效模式风险影响很小,不会改变评估结果的总体趋势性。

（3）相比其他方法,该方法能够有效处理定性概念中的模糊和随机不确定性,解决传统FMEA 模型中评价指标不足、精确值难以获取、指标重要度未有效处理等缺陷,提高了评估结果的有效性和可靠性。

本章部分图例

说明:为了方便读者直观地查看彩色图例,此处节选了书中的部分内容进行展示。页面左侧的页码,为您标注了对应内容在书中出现的位置。

第3章 基于最优最劣群决策法-失效模式与影响分析的邮轮玻璃幕墙风险评估

为了构建最优最劣群决策法-失效模式与影响分析（BWM 群决策-FMEA）风险评估方法，首先对 BWM 群决策过程进行改进，构建了一种基于输入数据的 BWM 群决策赋权法，得到不受求解模型影响的决策者权重，实现 BWM 评估结果的聚合。之后引入 FMEA，通过量化评估分析了研究对象风险水平和关键故障。

目前，我国邮轮制造和运营尚处于发展阶段，针对邮轮玻璃幕墙缺乏故障的统计资料，因此以某中型邮轮玻璃幕墙为实例，对所构建的基于 BWM 群决策赋权与 FMEA 的风险评估方法进行验证。

3.1 BWM 群决策-FMEA 风险评估法构建

3.1.1 BWM 群决策赋权法

BWM 中，评估结果的一致性水平通常能够反映专家判断的合理性，代表了专家对各准则或备选方案的评估能力。因此，可通过一致性水平衡量专家评估结果的合理性与可信度，进而确定专家在群决策中的权重。

Rezaei 等将一致性水平分为基数一致性与序数一致性，针对 BWM 提出了基于输入数据的一致性指标 CR^I 和序数一致性指标比值比（Odds Ratio，OR）。以评估向量 A_{BO} 和 A_{OW} 作为输入数据，由下式计算一致性指标 CR^I。$CR^I \in [0, 1]$，CR^I 越大则一致性水平越低，$CR^I = 0$ 满足基数一致性，即满足传递条件 $a_{Bj} \times a_{jW} = a_{BW}$。

$$CR^I = \max CR_j^I$$

$$CR_j^I = \begin{cases} \dfrac{\left| a_{Bj} \times a_{jW} - a_{BW} \right|}{a_{Bj} \times a_{jW} - a_{BW}} & (a_{BW} > 1) \\ 0 & (a_{BW} = 1) \end{cases} \tag{3-1}$$

式中：a_{Bj} 为最优准则较其他准则的偏好程度；a_{jW} 为其他准则较最劣准则的偏好程度。

序数一致性由向量 A_{BO} 和 A_{OW} 所体现的准则排序差异来确定。$OR \in [0, 1]$，OR 越大则序数一致性水平越低，当 $OR = 0$ 满足序数一致性。

$$OR = \max OR_j$$

$$OR_j = \frac{1}{n}\sum_{i=1}^{n} F\left((a_{Bi} - a_{Bj}) \times (a_{jW} - a_{iW})\right) \quad (i, j = 1, \cdots, n) \tag{3-2}$$

$$F(x) = \begin{cases} 1 & (x < 0) \\ 0.5 & \left(x = 0 \ \text{和} \ \begin{pmatrix} (a_{Bi} - a_{Bj}) \neq 0 \\ \text{或} \ (a_{jW} - a_{iW}) \neq 0 \end{pmatrix}\right) \\ 0 & \text{其他} \end{cases}$$

Rezaei 等通过概率方法，将 CR^{I} 与 OR 相结合，对 CR^{I} 阈值进行了估算，得到了针对不同准则数和不同 a_{BW} 的阈值，见表 3-1。

表 3-1　CR^{I} 阈值

a_{BW}	准则个数						
	3	4	5	6	7	8	9
3	0.167	0.167	0.167	0.167	0.167	0.167	0.167
4	0.112	0.153	0.190	0.221	0.253	0.258	0.268
5	0.135	0.199	0.231	0.255	0.272	0.284	0.296
6	0.133	0.199	0.264	0.304	0.314	0.322	0.326
7	0.129	0.246	0.282	0.303	0.314	0.325	0.340
8	0.131	0.252	0.296	0.315	0.341	0.362	0.366
9	0.136	0.268	0.306	0.334	0.352	0.362	0.366

当 CR^{I} 等于阈值时，是在综合基数一致性与序数一致性两方面考虑后，能够接受的最大值，由此提出一种基于 CR^{I} 的决策者赋权法。

设 CR_k^{I} 为第 k 位决策者的一致性指标，$threshould_k$ 为对应阈值。由式（3-3）计算 C_k 衡量决策者一致性水平，C_k 值越大则一致性水平越高，可信度越高。若决策者共进行了 z 次 BWM 评估，则记第 i 次评估中由式（3-3）计算得到 C_{ki}，求解 C_{k1}，C_{k2}，$\cdots$，C_{kz} 的平均值作为 C_k。由式（3-4）对 C_k 进行归一化，所得 $\lambda = (\lambda_1 \quad \lambda_2 \quad \cdots \quad \lambda_n)^{\mathrm{T}}$ 即为所求决策者权重。

$$C_k = \frac{threshould_k - CR_k^{\mathrm{I}}}{threshould_k} \tag{3-3}$$

$$\lambda_k = \frac{C_k}{\sum_{k=1}^{n} C_k} \tag{3-4}$$

所构建方法综合了每次 BWM 评估的一致性水平，决策能力越高则评估的一致性水平越高，决策者权重越高，通过赋权降低决策能力较低的个体对团队聚合结果的影响。此方法基于 BWM 法输入数据进行计算，仅涉及评估向量 A_{BO} 和 A_{OW}，适用于不同的数学规划求解模型，具有普适性。

3.1.2　BWM 群决策-FMEA 风险评估技术

基于所提出的 BWM 群决策赋权法和 FMEA,构建图 3-1 所示的风险评估方法。

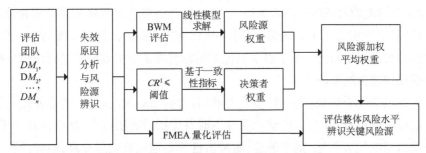

图 3-1　基于 BWM 群决策的风险评估方法

首先,邀请 n 位相关专家作为决策者(DM_1, DM_2, $\cdots$, DM_n)组建评估团队,分析失效原因并辨识风险源;其次,由 BWM 及其群决策赋权法得到风险源权重;再次,使用 FMEA 对风险源进行量化评估;最后,基于风险源权重聚合量化评估结果,进行针对评估对象的整体风险水平分析,并辨识关键风险源。

3.2　邮轮玻璃幕墙风险源辨识

3.2.1　玻璃幕墙介绍

玻璃幕墙是邮轮异型结构的一种,与陆上建筑的玻璃幕墙相似,是一种外立面维护材料,是美观的建筑外墙装饰结构。玻璃幕墙不仅将室内与室外进行了分隔,也增强了室内的采光能力,使室内明亮通透,提高了室内观赏室外风景的体验,同时玻璃幕墙还需要满足节能保温、避免光污染、防腐等性能要求。

在中型邮轮上,通常装配大面积玻璃幕墙来满足视觉美观和采光等需求。与传统陆上建筑的玻璃幕墙相比,邮轮玻璃幕墙所面对的自然环境更加特殊,海面上空气湿度大,海水含盐量高,此外风暴雷雨等恶劣天气更加猛烈且频繁。同时邮轮舱室内乘客较多且人员密集,邮轮玻璃幕墙如果失效,导致玻璃破碎或坠落,不仅威胁乘客人身安全,更影响游客乘坐体验。因此,邮轮玻璃幕墙是关系邮轮美观、乘客体验以及乘客安全的重要装饰构件。我国邮轮建造与运营尚处于发展阶段,因此有必要针对玻璃幕墙这一关键构件进行风险分析,进而为风险管理提供依据,保证邮轮玻璃幕墙的安全性与可靠性。

3.2.2　失效模式分析

玻璃幕墙应用广泛,失效模式通常被归纳为玻璃自爆、安装施工不当、玻璃表面划伤、产品质量等方面。邮轮常年航行于海上,邮轮玻璃幕墙作为舱室与外部环境的分界,风险源辨识与在传统陆地环境时具有较大差别。与陆地相比,海上强风、强降雨等极端天气较频繁。

此外海上昼夜温差较大,白昼时由于海面辽阔且没有其他物体遮挡,加上海面反射作用,邮轮受阳光强烈照射处于高温状态,而夜晚气温骤降,产生剧烈温差。因此,基于国内外学者的研究成果和专家意见,考虑邮轮运营环境的特殊性,对邮轮玻璃幕墙失效模式进行了以下分析:极端天气对玻璃幕墙的强度带来巨大考验;剧烈的昼夜温差将使玻璃板和金属构件等产生热胀冷缩,引发应力集中和疲劳;同时海面长期处于高温高盐的潮湿环境,幕墙构件面临严重的腐蚀和冲刷等问题。基于以上情况对邮轮玻璃幕墙失效模式进行详细分析。

3.2.2.1　强化玻璃自然破碎

强化玻璃属于安全玻璃,是一种预应力玻璃,为提高玻璃的强度,通常使用化学或物理的方法在玻璃表面形成压应力,玻璃承受外力时首先抵消表层应力,从而提高了承载能力,增强了玻璃自身的抗风压性、抗寒暑性、耐冲击性等。强化玻璃强度高,破碎后颗粒较小不易划伤人体,被广泛应用于幕墙。

在生产过程中,浮法制作的玻璃中易存在硫化镍杂质。硫化镍具有热缩冷胀的物理性质。在制作强化玻璃时,加热并快速冷却使得硫化镍杂质受热收缩后体积未能够完全膨胀。因此强化玻璃安装后,在温度影响下内在杂质体积仍会变化,从而造成杂质周围应力分布不均,引起玻璃破裂。

3.2.2.2　热应力引起玻璃破碎

热应力引起玻璃破碎,主要由于玻璃受热后体积膨胀过程中局部受到阻碍,玻璃板未能够实现整体膨胀,在内部产生拉应力所致。

通常玻璃板边缘所受应力最大,同时玻璃边缘长期被边框遮挡,热量吸收较其他部位减少,容易引起热量分布不均造成应力集中,因此易成为裂纹的起点。此外,舱室内外温差较大也容易引起玻璃破裂,多层玻璃热应力现象更加严重,可在两层玻璃间填充高温材料来避免多层玻璃受热应力影响。

3.2.2.3　玻璃美观

流水的侵蚀作用会对玻璃的美观造成影响。流水作用在玻璃表面上,玻璃中的钠离子与水中的氢离子发生替换,玻璃中钠离子的浓度降低,此时玻璃透明度提高;接着发生溶蚀,玻璃表面离子键、化学键被破坏,此时玻璃透明度受到影响,产生白色条痕和虹彩膜。

当玻璃幕墙导水构件设计不合理或失效时,流水存在于玻璃表面,不仅对玻璃产生作用,更会将玻璃边框或其他位置可溶于水的致污物带到玻璃上,致污物会使玻璃表面产生污垢,或加速玻璃的侵蚀。此外,玻璃包含某种涂层时可能促进腐蚀发生,例如反射涂层,潮湿的环境会造成玻璃涂层的腐蚀。

3.2.2.4　侵蚀引起玻璃破碎

侵蚀对玻璃的影响主要表现为潮湿环境下,水作用于玻璃产生的侵蚀,进而引起玻璃表面产生缺陷。这种侵蚀不仅影响玻璃幕墙的美观,还会使玻璃强度降低,增大玻璃破碎的风险。同时,在潮湿环境下,玻璃幕墙钢制框架会发生自然腐蚀,外框生锈形成的突起可能刺破密封垫接触到玻璃,导致玻璃失效破裂。

3.2.2.5　不亲和性导致的玻璃幕墙问题

不亲和性指建筑材料之间相互隔离时属性十分稳定,但如果发生相互接触,会造成二者性质发生变化的现象。玻璃本身是一种中性物质,因此与玻璃有关的不亲和性问题,主要是由于其周边物质的不相容性。玻璃幕墙系统中不亲和性主要表现在以下方面。

(1)由于胶黏剂不亲和性使夹层玻璃变色,边缘分层。当夹层玻璃边缘长期暴露在外,所使用的胶黏剂与密封剂不亲和时,密封剂有可能渗入胶黏剂并产生反应,导致玻璃出现变黄和边缘分层。

(2)玻璃幕墙框架发生腐蚀和电化学腐蚀。两种物质接触后而出现变质,也是不亲和性的一种体现。两种不同金属发生接触,周围环境足够潮湿达到了携带电流的状态时,还原性强、化学性质更为活跃的金属将被氧化,发生腐蚀现象。

(3)黏结剂丧失附着力。黏结剂丧失附着力后,会导致密封失效使水渗入内部。当玻璃四边全部依靠黏结剂固定在框架上时,黏结剂失效会导致玻璃坠落,甚至在风力较大的情况下,玻璃会被吸出外框。

3.2.2.6　渗漏

玻璃幕墙通常由若干块玻璃板或玻璃板与其他材料嵌板(例如金属)接合而成。渗漏现象是玻璃幕墙常见的问题之一。渗水可能进一步导致腐蚀、发霉、隔热性能降低、电力系统故障等问题的发生。除了水分渗入,空气渗入也可能导致舱内乘客身体不适,并造成船舱内冷凝水聚集的现象。渗漏通常是三种原因共同作用的结果,即:①密封缺陷;②空气存在绝对压力差;③接触水分。其中,密封缺陷是导致渗漏的主要原因。

导致密封缺陷发生的因素,主要是接合处的变形能力大于密封剂的设计允许形变能力;基层受到污染,例如基层上有灰尘,清洁基层时药剂的影响,施工时气温低于特定值,空气潮湿等导致黏合力降低。因此将密封剂失效原因归结为密封剂性能不足,安装工艺拙劣,受热、受水、出现拉力裂纹、紫外线照射等导致的密封件老化。

通常,玻璃幕墙的外部密封件终究是会发生渗漏的,因此防止渗漏现象发生的最好方法是建立第二道防护体系,当水分或空气突破密封件渗漏时,可以通过排水系统将其导流出舱室。当排水装置设计不合理或因其他原因失效时,则无法避免水或空气渗入邮轮舱室,玻璃幕墙的防护作用也便失效了,无法有效防风防潮。

3.2.2.7　涉及能量传递的玻璃幕墙问题

室内外空间水分、空气、热量的交换,均需通过玻璃幕墙进行。玻璃幕墙作为邮轮的"皮肤",由于内外温度不同发生的热量传递,可能引起一系列问题。

(1)玻璃幕墙隔热性能不足。邮轮航行期间,海面上气温变化较大,当外界气温较低时,如果玻璃幕墙隔热性能不足,仅依靠制热系统提高舱内温度,将会造成较大能耗。玻璃幕墙隔热性能不足主要与玻璃自身性质有关,需要在选择玻璃时注重阻热性能的考量。

(2)玻璃幕墙出现凝结。如果玻璃幕墙出现凝结现象,水蒸气在玻璃上冷凝形成水滴,将会影响玻璃幕墙内乘客的观景效果,这也使得玻璃幕墙丧失了应有的功能。邮轮外部气温较低时,内外温度差较大,室内空气中水蒸气容易在玻璃表面发生冷凝。同时由于玻璃热阻较低,导致幕墙内侧表面温度低,也进一步促进了凝结现象的发生。此外,如果舱内通风不畅,空气湿度较大,也为冷凝现象的发生提供了条件。

3.2.2.8 疲劳破坏

疲劳指在循环载荷条件下材料破坏的趋势。玻璃本身不易受循环载荷造成的动态疲劳影响,但是支撑玻璃的材料发生疲劳能够导致玻璃失效。由于风力作用造成不断变化的正负压使幕墙构件容易产生疲劳破坏,同时风力的作用也容易使固定玻璃板的装置发生松动,引发玻璃破裂失效甚至脱落。

3.2.2.9 撞击导致玻璃失效

玻璃属于受撞击后易碎的材料。玻璃幕墙作为邮轮的"皮肤",经常承受飞扬物体的撞击。如果玻璃抵抗撞击能力较弱,在风暴卷起的飞行物撞击下发生破碎,碎裂后的玻璃碎片随风飞扬,将会撞击其他玻璃板,造成更多的玻璃破碎。因此在选定玻璃材料时,应着重考虑其抵抗撞击的能力。

3.2.3 玻璃幕墙风险源层次结构

结合邮轮的特殊性,对玻璃幕墙可能发生的失效模式进行了分析,对风险源进行了辨识与汇总,得到如图 3-2 所示的层次结构,风险源见表 3-2。

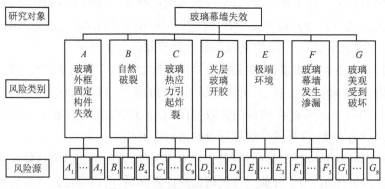

图 3-2 玻璃幕墙风险源层次结构

表 3-2 玻璃幕墙风险源

风险源	原因与后果
A_1 风引起振动使固定装置松动	风作用在玻璃幕墙上引起振动,有可能导致玻璃固定装置松动,甚至导致玻璃脱落
A_2 波浪引起振动使固定装置松动	波浪冲击在玻璃幕墙上引起振动,有可能导致玻璃固定装置松动或玻璃破碎,甚至导致玻璃脱落
A_3 海上环境潮湿引起钢制框架腐蚀	环境潮湿容易导致幕墙框架发生腐蚀(以水流作为媒介发生交换引起电化学腐蚀),影响框架强度
A_4 幕墙框架防锈处理不当	幕墙框架防锈处理不当,会导致框架腐蚀,影响框架强度,严重时导致幕墙变形
A_5 框架金属较活泼引起阳极腐蚀	水可以使金属件发生电子转移,当框架金属比周围金属构件更加活泼,还原性更强时,金属将发生电化学腐蚀,影响框架强度,严重时导致幕墙变形

续表

风险源	原因与后果
A_6 导水构件失效使框架电化学腐蚀	玻璃幕墙导水构件失效时会导致玻璃表面与框架上长期存有水,导致水对玻璃的侵蚀而损伤玻璃
A_7 火灾引起框架及构件失效	火灾发生时框架吸收大量热量,金属性能将发生变化,当不满足要求时,将引发结构失效
B_1 杂质引起强化玻璃内部应力集中	钢化玻璃内部和表面分别存在拉压应力,玻璃原料或熔化过程中混入的杂质,将会引起应力集中导致玻璃破碎,钢化玻璃破碎后形成细碎颗粒,易导致玻璃脱落
B_2 玻璃原料含镍元素使硫化镍石混入	玻璃生产投料中含有 S、Ni,这些元素的引入将生成硫化镍存于玻璃中,硫化镍受温度影响发生体积变化,将引起强化玻璃破碎,进而发生坠落
B_3 制作中含镍致污物使硫化镍石混入	玻璃生产过程有可能接触含 Ni 器件,如不锈钢器件中的 Ni,Ni 的引入与原料中的 S 将生成硫化镍存于玻璃中,硫化镍受温度影响发生体积变化,将引起强化玻璃破碎,甚至发生坠落
B_4 缺角划伤等玻璃自身缺陷导致破裂	玻璃自身的缺陷,导致其表面发生几何突变,形成应力集中,也将导致玻璃的破碎甚至脱落
C_1 玻璃颜色较深导致吸热较多	玻璃颜色较深,更容易吸收热量,当玻璃受热不均时,可能导致部分受热膨胀,产生应力引起玻璃破碎
C_2 火灾导致玻璃吸收热量炸裂	火灾发生时玻璃吸收大量热量,当玻璃受热不均时,部分受热膨胀将产生应力引起玻璃破碎
C_3 邮轮供热器过近使玻璃受热不均	供热系统送出热量后,当玻璃吸收较多热量且受热不均时,玻璃部分受热膨胀将产生应力引起玻璃破碎
C_4 玻璃槽遮挡导致玻璃边缘受热不均	玻璃边缘受玻璃槽遮挡,阳光照射时将造成玻璃受热不均,中心温度高于边缘,部分受热膨胀将产生应力引起玻璃破碎
C_5 单块玻璃尺寸较大使玻璃受热不均	单块玻璃尺寸较大,易导致玻璃吸收热量后受热不均,进而发生热膨胀不均,导致玻璃热应力破碎
C_6 边框热容量较大使玻璃受热不均	幕墙边框热容量较大,与之相邻的玻璃边缘热量易流失,使玻璃中心与边缘受热不均,导致玻璃热应力破碎
C_7 玻璃上的刻花引起应力集中	玻璃板上雕刻有花纹时对玻璃表面造成了损伤,当损伤在玻璃边缘时,在热应力作用下容易导致玻璃破碎
C_8 安装工艺拙劣引起应力集中	玻璃幕墙的使用效果受安装工艺影响较大,可能会对玻璃本身造成损伤,在热应力作用下容易导致玻璃破碎
C_9 运输时外载荷导致破损使应力集中	运输过程中玻璃板受到剧烈外载荷产生破损,容易在破损处形成应力集中,在热应力作用下导致玻璃破碎
D_1 玻璃边缘暴露在外	玻璃边缘直接暴露时,水从边缘进入夹胶玻璃,引起玻璃开胶,导致玻璃变黄分层
D_2 海上潮湿环境引起的夹层玻璃开胶	环境潮湿将会造成夹胶玻璃胶层吸收水分,使玻璃开胶影响玻璃强度和视觉效果
D_3 夹层玻璃与胶片的张应力导致开胶	夹层玻璃由多层玻璃通过胶片黏合而成,玻璃与胶片间存在张应力作用,会造成夹层玻璃开胶
D_4 温度升高使胶片气泡溢出涨破玻璃	在夹层玻璃制作过程中,胶片层会吸收玻璃板间残存的空气与水分,当温度升高时会再次溢出形成气泡,甚至导致玻璃破碎
E_1 爆炸导致玻璃破碎	恐怖分子的爆炸袭击或者其他危险品爆炸,有可能导致玻璃幕墙破碎,爆炸对玻璃的影响与爆炸发生处与玻璃的距离有直接关系
E_2 海上暴风导致玻璃被吸离框架	在风暴较强时,玻璃有可能被吸出框架

风险源	原因与后果
E_3 风暴引起飞行物撞击玻璃导致破碎	风暴中夹杂的物体撞击玻璃表面,引起玻璃破碎,进而发生坠落
F_1 密封剂性能不足	密封剂性能不足以满足需求时,可能导致渗漏的发生,影响邮轮内环境,因此应通过试验检验密封剂的选取是否恰当
F_2 安装工艺拙劣使密封剂失效	玻璃幕墙的使用效果受安装工艺影响较大,工艺不合格将导致密封失效等问题发生
F_3 密封件老化引起密封剂失效	密封构件将随时间而老化,老化后性能下降,严重时将导致玻璃幕墙发生渗漏
F_4 玻璃导水构件失效引起渗漏	玻璃幕墙导水构件失效时,会导致玻璃表面与框架上长期存有水,导致玻璃幕墙渗漏,水流入邮轮内部,影响舱内环境
F_5 密封剂与金属框架不匹配	密封剂选取与金属框架不匹配时将导致密封失效,玻璃板无法有效密封引起渗漏
G_1 海上环境潮湿导致涂层腐蚀影响美观与强度	环境潮湿对玻璃幕墙影响较大,将会造成夹胶玻璃胶层吸收水分使玻璃开胶,影响玻璃强度和视觉效果;水分与玻璃涂层或玻璃本身发生反应,可能会影响玻璃美观
G_2 导水失效涂层腐蚀影响美观与强度	玻璃幕墙导水构件失效时,会导致玻璃表面与框架上长期存有水,导致水对玻璃的侵蚀,从而损伤玻璃,影响玻璃美观,还会导致玻璃幕墙渗漏,水流入邮轮内部,影响舱内环境
G_3 清洁剂残留于玻璃表面	在日常维护中,如果清洗玻璃所使用的清洁剂长期残留于玻璃表面,影响玻璃美观的同时会对玻璃产生腐蚀,影响玻璃的强度
G_4 导水构件失效使玻璃上存留污染物	导水构件失效时,会导致玻璃表面与框架上长期存有水,可能引发对玻璃的侵蚀,影响美观与强度
G_5 玻璃安装时密封剂溶解污染表面	玻璃幕墙系统中,物质溶于水后存留于玻璃表面,排水系统无法及时将其排出时,将会导致玻璃受到污染,影响美观;同时会引起玻璃的侵蚀,影响强度
G_6 密封剂、胶黏剂不亲和使边缘分层	不亲和性的物质接触时会导致二者性质变化,密封剂与胶黏剂不亲和会导致夹层玻璃变黄及边缘分层
G_7 玻璃边缘暴露使边缘分层	玻璃边缘直接暴露时,水从边缘进入夹胶玻璃,引起玻璃开胶,导致玻璃变黄、分层
G_8 玻璃热阻较低使表面出现凝结	玻璃热阻较低,玻璃幕墙无法提供足够的保温效果,导致舱内气温较低,玻璃表面出现凝结现象,影响玻璃透明度

3.3　实例评估

3.3.1　BWM 评估

邀请 5 位专家($DM_1, DM_2, \cdots, DM_5$)组成评估团队,针对 3.4 节图 3-2 辨识的风险源,参照表 1-3 的评估标度,每位专家分别对"风险类别"层进行 1 次评估,对"风险源"层的 7 组风险源分别进行 7 次评估。每次评估过程中,由式(3-1)计算 CR^I,保证其满足表 3-1 的阈值要求,并基于式(1-17)线性模型,求解评估结果。将 7 组风险源评估结果与相应风险类别的评估结果相乘,得到风险源对于研究对象"玻璃幕墙失效"的权重,记第 k 位专家所得风险源权重 $w_k = (w_{k1} \quad w_{k2} \quad \cdots \quad w_{k40})^T (k = 1, 2, 3, 4, 5)$。

3.3.2　确定专家权重

所有专家完成评估后,基于 CR^l 与表 3-1 的阈值,由式(3-3)至式(3-4)计算专家权重 $\lambda = (\lambda_1 \quad \lambda_2 \quad \cdots \quad \lambda_5)^{\mathrm{T}} = (0.248\,297 \quad 0.193\,063 \quad 0.187\,899 \quad 0.252\,652 \quad 0.118\,089)^{\mathrm{T}}$。

3.3.3　专家结果聚合

基于 w_k 构造矩阵 $W_z = (w_1 \quad w_2 \quad \cdots \quad w_n)$,由专家权重 λ 通过下式求解加权平均值聚合团队结果,得到风险源总权重向量 W,并将加权平均权重结果绘图。

$$W = W_z \times \lambda \tag{3-5}$$

3.3.4　FMEA 评估

根据已有评估标准,结合专家建议修正得到适用于邮轮玻璃幕墙 FMEA 评估标准,见表 3-3。

表 3-3　FMEA 评估标准

级别	严重度(S)	探测度(D)	发生度(O)
10	严重且无警告	绝不可能	很高
9	严重且有警告	很极少	
8	很高	极少	高
7	高	很少	
6	中等	少	中等
5	低	中等	
4	很低	中上	低
3	轻微	多	
2	很轻微	很多	较低
1	无	几乎肯定	

邀请专家基于表 3-3 对风险源进行评估,记第 k 位专家评估矩阵 $P_k = (p_{ij}^k)$($k = 1, 2, 3, 4, 5$),i 对应风险源,$j = 1, 2, 3$ 对应 S、O、D。由以下两式计算加权平均值 $P = (p_{ij})$,得到邮轮玻璃幕墙 FMEA 评估表,见表 3-4。

$$\overline{p_{ij}} = \lambda^{\mathrm{T}} \times \begin{pmatrix} p_i^1 \\ \vdots \\ p_i^k \end{pmatrix} \tag{3-6}$$

$$p_{ij} = \begin{cases} 0 & \overline{p}_{ij} \in [0, 0.5) \\ 1 & \overline{p}_{ij} \in [0.5, 1.5) \\ \vdots & \vdots \\ 10 & \overline{p}_{ij} \in [9.5, 10) \end{cases} \tag{3-7}$$

表 3-4　玻璃幕墙 FMEA 评估表

风险源	S	O	D	RPN
A_1 风引起振动使固定装置松动	4	4	4	64
A_2 波浪引起振动使固定装置松动	3	3	6	54
A_3 海上环境潮湿引起钢制框架腐蚀	5	5	6	150
A_4 幕墙框架防锈处理不当	4	4	5	80
A_5 框架金属较活泼引起阳极腐蚀	3	4	4	48
A_6 导水构件失效使框架电化学腐蚀	3	3	5	45
A_7 火灾引起框架及构件失效	8	3	2	48
B_1 杂质引起强化玻璃内部应力集中	7	6	8	336
B_2 玻璃原料含镍元素使硫化镍石混入	6	5	9	270
B_3 制作中含镍致污物使硫化镍石混入	6	4	8	192
B_4 缺角划伤等玻璃自身缺陷导致破裂	7	6	3	126
C_1 玻璃颜色较深导致吸热较多	2	6	3	36
C_2 火灾导致玻璃吸收热量炸裂	8	2	2	32
C_3 邮轮供热器过近使玻璃受热不均	3	4	3	36
C_4 玻璃槽遮挡导致玻璃边缘受热不均	2	7	4	56
C_5 单块玻璃尺寸较大使玻璃受热不均	3	5	4	60
C_6 边框热容量较大使玻璃受热不均	5	5	6	150
C_7 玻璃上的刻花引起应力集中	6	6	2	72
C_8 安装工艺拙劣引起应力集中	7	6	6	252
C_9 运输时外载荷导致破损使应力集中	6	6	4	144
D_1 玻璃边缘暴露在外	4	6	5	120
D_2 海上潮湿环境引起的夹层玻璃开胶	4	4	4	64
D_3 夹层玻璃与胶片的张应力导致开胶	3	5	4	60
D_4 温度升高使胶片气泡溢出涨破玻璃	6	3	3	54
E_1 爆炸导致玻璃破碎	10	2	2	40
E_2 海上暴风导致玻璃被吸离框架	8	2	2	32
E_3 风暴引起飞行物撞击玻璃导致破碎	10	3	2	60
F_1 密封剂性能不足	6	5	5	150
F_2 安装工艺拙劣使密封剂失效	7	5	6	210
F_3 密封件老化引起密封失效	7	6	6	252
F_4 玻璃导水构件失效引起渗漏	5	6	4	120
F_5 密封剂与金属框架不匹配	4	3	7	84
G_1 海上环境潮湿致涂层腐蚀影响美观与强度	3	4	3	36
G_2 导水失效涂层腐蚀影响美观与强度	4	6	3	72
G_3 清洁剂残留于玻璃表面	3	7	2	42
G_4 导水构件失效使玻璃上存留污染物	2	6	3	36

风险源	S	O	D	RPN
G_5 玻璃安装时密封剂溶解污染表面	3	7	2	42
G_6 密封剂、胶黏剂不亲和使边缘分层	4	5	2	40
G_7 玻璃边缘暴露使边缘分层	3	4	2	24
G_8 玻璃热阻较低使使表面出现凝结	2	7	1	14

由风险源总权重 W 求解 S、O、D 加权平均数得 $S = 5.819$、$O = 4.787$、$D = 4.564$。对比表 3-3 可知邮轮玻璃幕墙整体风险水平较低,但仍有部分关键风险需要进行分析,对维护措施进行总结。

3.4　评估结果分析

3.4.1　专家权重结果分析

与传统方法进行对比,将评估结果算术平均值与上文加权平均值绘制如图 3-3 所示。可知二者大致相同,但在 $C_1 \sim C_9$ 部分两条折线存在偏差。将其放大后和聚合前专家各自评估结果进行比较,图 3-4 所示 DM_5 的评估结果较其他 4 位差异较大,反映出 DM_5 对所研究问题的决策能力较差,由 C7、C9 处可看出此时加权平均值较算术平均值更能避免 DM_5 的影响。

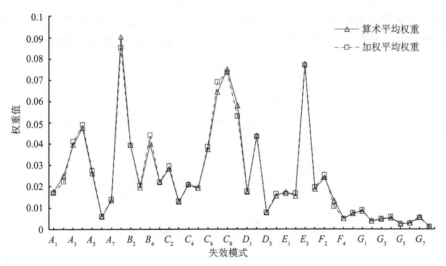

图 3-3　全局权重的算术与加权平均值对比

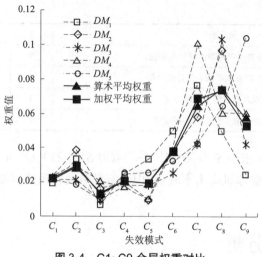

图3-4　C1~C9全局权重对比

从序数一致性角度看,由式(3-2)计算各专家8次评分 OR 平均值作为横坐标,专家权重作为纵坐标,作散点图如图3-5所示,可知除点 DM_1 外其余4点呈线性相关,这4点 Pearson 系数为 −0.970 42 有极强线性相关性(Pearson 系数绝对值接近1则线性相关性强)。这种关系反映出 OR 越大,序数一致性越低,专家评估的可信度越低,专家权重越小,验证了所提出的专家赋权法的合理性。对点 DM_1 进行分析,表3-5为所有专家每次评分的 OR 值,可知在 B、D、F 三类风险源的评估中,DM_1 的 OR 明显高于其他专家,进一步分析可知 DM_1 的评分结果存在与序数一致性不符的值。虽然 DM_1 符合 CR^l 阈值要求,但仍出现了序数一致性水平较低的情况,因此 DM_1 不具备其余四点的线性关系,这与 CR^l 阈值有关。因此,评分时参考 CR^l 判断一致性后,参考 OR 来修正评分满足序数一致性,能够使结果更加合理。

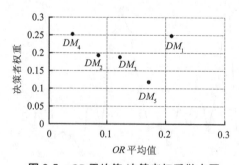

图3-5　OR 平均值-决策者权重散点图

表3-5　决策者 OR 数值

风险源	DM_1	DM_2	DM_3	DM_4	DM_5
$A_1\sim A_7$	0.071	0.143	0.357	0.143	0.357
$B_1\sim B_4$	0.125	0.000	0.000	0.000	0.000
$C_1\sim C_9$	0.444	0.333	0.222	0.056	0.333

风险源	DM_1	DM_2	DM_3	DM_4	DM_5
$D_1 \sim D_4$	0.125	0.000	0.000	0.000	0.000
$E_1 \sim E_3$	0.000	0.000	0.000	0.000	0.000
$F_1 \sim F_5$	0.200	0.000	0.000	0.000	0.100
$G_1 \sim G_8$	0.500	0.063	0.188	0.063	0.438
$A \sim G$	0.214	0.143	0.214	0.71	0.143

3.4.2 FMEA 结果分析

对 RPN 排序可知, B_1 杂质引起强化玻璃内部应力集中、B_2 玻璃原料含镍元素使硫化镍石混入、C_8 安装工艺拙劣引起应力集中、F_3 密封件老化引起密封失效等优先级较高,需要在设计、建造和运营等阶段重点关注。

上述风险源可归结为应力集中引起的玻璃破碎以及墙体的密封问题。内部应力集中常由玻璃制作过程中混入杂质,或玻璃本身存在缺陷产生几何突变引起应力集中等原因导致,因此安装前应对所选用的玻璃按生产批次进行检验,保证玻璃质量合格;另一方面在施工过程中提高工艺水平,避免对玻璃表面和边缘造成损伤。在设计中应当重视渗漏现象,可以采取冗余设计预防渗漏现象的发生,防范水分渗入对用电设备产生破坏性影响。

第 4 章　基于 WRR 三维风险辨识和模糊层次分析法的浮式液化天然气生产储卸装置定量风险分析

浮式液化天然气(Floating Liquefied Natural Gas，FLNG)生产储卸装置(简称 FLNG 装置)集处理、储存、外输于一体,大大提高了开采边际油田和深海油田的经济效益,被誉为"海上油气加工厂"。由于 FLNG 装置本身的特性、功能以及作业环境的特殊性,其运营作业存在着极大的安全风险。此外,FLNG 装置作为船舶、浮式结构、化工三个行业领域的融合,有着投入资金大、相关方多、设计与开发周期长、技术要求高、效益与风险共存以及影响因素多的特点,导致其风险因素复杂、危险程度较高。因此,需要针对 FLNG 装置的特点,建立相应的风险评估体系,辨识出潜在的风险源,分析可能发生的风险事件及后果等级,以制定完善的风险控制方案。

针对上述问题,本章基于全生命周期理论,构建了 FLNG 全生命周期风险评估体系框架。首先,建立了加权循环(Weighted Round Robin，WRR)风险辨识方法,实现了对 FLNG 从分析对象、风险来源、风险后果三维角度的全生命周期风险辨识,构成了风险评估体系的基础。之后,采用模糊层次分析法(Fuzzy Analytic Hierarchy Process，FAHP)从作业权重、风险概率权重和风险后果等级三个角度对两种装置进行了风险分析,构成了风险评估体系的主体。

4.1　FLNG 装置定量风险评估体系的构建

4.1.1　评估框架——全生命周期理论

生命周期理论产生于 1966 年,分别是美国哈佛大学教授 Raymond Vernon 提出的产品生命周期理论和俄亥俄州立大学心理学家 A. K. Karman 首创的领导生命周期理论。

目前,生命周期的概念应用很广泛,特别是在政治、经济、管理、环境、技术、社会等诸多领域经常出现,其基本含义可以通俗地理解为"从摇篮到坟墓"的整个过程。

FLNG 装置具有高新技术集成度高、投资金额大、作业周期长等特点,在装置从设计到最终拆解报废的整个生命周期中,都随时有可能面临各种风险。因此,对 FLNG 装置进行基于全生命周期的风险分析评估必不可少。结合装置自身的结构特点与作业特点,将 FLNG 装置全生命周期主要分为五大阶段:设计阶段、加工与建造阶段、拖航与锚泊阶段、作业阶段和退役弃置阶段。

4.1.2　评估基础——WRR 三维风险辨识方法

WBS-RBS 是目前在工程建设中运用比较广泛的风险辨识法。然而，WBS-RBS 方法也有其局限性，具体如下：

（1）风险分解的依据不明，造成风险分解结果具有风险来源和风险后果的双重属性，使后续风险辨识混乱；

（2）通过矩阵法进行风险辨识时，需要额外考虑风险发生的转化条件，使辨识效率大幅下降。

基于以上局限性，需要对该方法进行优化升级，以保证其对于 FLNG 装置风险评价体系的适用性。

改进的 WRR 三维风险辨识方法，在原有 WBS-RBS 方法的基础上，保持工作分解不变，同时明确了 RBS 分解为基于风险后果的分解，并在此基础上增加了风险来源分解树，从而形成了作业分解 WBS—风险来源分解（Risk-Resources Breakdown Structure，RRBS）—风险后果分解（Risk-Consequence Breakdown Structure，RCBS）的 WRR 三维风险辨识方法。

运用 WRR 三维风险辨识方法进行风险辨识包括以下几个工作步骤。

（1）明确风险辨识的范围，即根据具体的工程项目风险管理，结合与之相似的工程，参考相关资料，明确风险辨识的对象和边界。

（2）构建 WBS 分解图。按照各层工作在施工结构、工艺结构和作业结构等上的关系，把工作自上而下层层分解，直到将工程项目分解成为合适的工作单元，即无法继续分解的基本工作事件。

（3）构建 RRBS 分解图。风险来源分解结构的建立，应根据项目目标及性质，将整个项目可能存在的风险因素按照一定的层级向下延伸，一直细化到各类风险属性。对于本子课题，将风险来源分为三大类，即设备失效导致的风险、人员由于操作失误导致的风险和人员由于能力不足导致的风险、自然环境导致的风险。

（4）构建 RCBS 分解图。风险后果分解结构的建立，要充分考虑所有可能发生的风险事件，并进行提炼整理，以保证可以涵盖所有可能。对于本子课题，将风险后果分为三大类，即未完成既定目标或完成效果不佳的质量风险、造成人员伤亡的安全风险、造成环境污染的环境风险。

（5）构建三维风险辨识坐标系。在完成上述分解之后，以作业分解项为 x 轴，以风险后果项作为 y 轴，以风险来源项作为 z 轴，构建三维风险辨识坐标系。

（6）风险事件的辨识。根据已有的辨识坐标系，首先进行 xOy 平面的辨识，即对于任一作业分解项 x_i，遍历所有风险后果项，并记录有可能发生的后果 y_j，从而确定 xOy 平面上的一点（x_i, y_j）；遍历该点对应的所有风险来源，并记录可能导致该作业对应风险后果的风险来源 z_k；重复上述步骤，直至遍历所有作业分解项，并最终形成风险辨识结果点集（x_{il}, y_{jm}, z_{kn}）。

4.1.3 评估主体——FAHP 风险分析

4.1.3.1 FAHP 分析流程

在运用 FAHP 进行项目分析时,一般分为以下几步:构建层次结构模型;确定层次判断矩阵;计算层次单排序及一致性检验;计算层次总排序及一致性检验。

1. 构建层次结构模型

在运用 FAHP 进行项目分析的开始阶段,需要在充分了解项目资料、背景、环境等信息的前提下,将项目自上而下依次分解为最上层、中间层和最底层。具体的分层方式和数量与项目的复杂程度有关。

2. 确定层次判断矩阵

在各层中,各项事件在评价者心中的权重各不相同,各自占有一定的权重比例。因此,需要评价者根据一定的标度准则,对各事项进行相应的权重打分,从而形成针对该层的判断矩阵。

3. 计算层次单排序及一致性检验

根据各层的判断矩阵,计算该层各项事件的权重比例,并验证其一致性。

4. 计算层次总排序及一致性检验

根据各层的判断矩阵及其权重结果,得到最底层各事件对最顶层目标事件的权重及排序,从而制定相应的项目管理策略。最终的权重结果也需对其进行一致性检验。

4.1.3.2 FCE 评价流程

模糊综合评价(Fuzzy Comprehensive Evaluation,FCE),就是应用模糊变换原理和最大隶属度原则,考虑与被评价事物相关的各个因素,从而对其所做的综合评价。在综合评价的问题中,对应于每一因素,都有一确定的评价分数,但对于许多问题,并不能简单地用一个分数来加以评价,例如评价衣服的好坏、人的美丑等。这类问题的评价结果不再能用一个确定的数来表述,而是一个模糊概念。因此对于这类问题,只有通过模糊综合评价法,才能得到相对正确全面的评价结果。

模糊综合评价流程如下。

(1)确定评价因素集,即待评价的各因素及彼此之间的层次关系。对于基于 FAHP 分析的评价因素集即为 FAHP 的各层事件。

(2)建立评语集,即对于各评价因素的评语档次或等级。

(3)构建模糊评价矩阵,即根据已经确定的评语集对各评价因素进行综合评价,形成评价矩阵。

(4)根据模糊评价矩阵,进行多层次模糊综合评价。

4.1.4 评估输出——风险控制措施

根据上述已完成的风险辨识、风险等级评价和风险评估准则,即可确定相应的控制措施。根据已经确定的 ALARP 准则,对可忽略线以下的风险进行风险自留处理,对不可容忍线以上的风险进行全面的风险控制,对 ALARP 区域内的风险,在考虑经济性的原则下进行一定程度的风险控制,从而完成 FLNG 装置的风险控制措施的制定工作。

4.2　FLNG 装置风险辨识

4.2.1　FLNG 装置风险辨识矩阵

根据在上文中建立的风险评估体系主体框架,构建 FLNG 装置风险辨识矩阵。根据作业与风险的矩阵运算,结合风险事件的转化条件,从而得到相应的风险辨识结果。

此外,考虑到 FLNG 装置的特殊性主要体现为天然气液化处理的海上化,因此在辨识中将常规 FLNG 装置作业与液化处理作业相区分,以保证辨识结果突出 FLNG 装置自身特点。为此,将 FLNG 装置的设计与审核阶段分为一般性设计与液化工艺设计两部分;将 FLNG 装置的作业分为一般性作业和液化处理两部分;其他生命周期阶段,如建造与安装、拖航与锚泊、弃置等,与常规船舶类似,因此不做特殊化处理。

FLNG 装置三维风险辨识结果见表 4-1。

表 4-1　FLNG 装置三维风险辨识结果

风险	FLNG 装置全生命周期						
	设计与审核		建造与安装	拖航与锚泊	作业		弃置
	一般性设计	液化工艺设计			一般性作业	液化生产作业	
设备	自身失效	—		安全	质量、安全	质量、安全、环境	质量、安全、环境
人员	能力不足	—	质量			质量、安全、环境	质量、安全、环境
	操作失误	质量	—	质量、安全	质量、安全	质量、安全、环境	—
环境	自然条件			质量	质量、安全	质量、环境	质量、安全、环境

4.2.2　FLNG 装置风险源与风险后果

针对 FLNG 装置,主要考虑的风险要素是由液化天然气自身理化特性决定的。

(1)液化天然气虽然无毒,但在储存过程中会处于低温状态,泄漏后的低温液化天然气可能会造成设备和结构的低温破坏,对人体造成低温灼伤;大量扩散到空气中还可能会造成人员的窒息甚至死亡。因此液化天然气的泄漏及其低温影响应作为主要的风险事件之一予以考虑。

(2)天然气属于可燃性气体,突发的大量泄漏或长时间的微量泄漏后,如果未能及时进行有效处理,则会与空气混合并达到燃烧爆炸极限,遇明火后即会发生火灾(大量充分混合的天然气遇明火后会爆炸），导致人员的伤亡和结构的损坏，因此天然气的火灾爆炸应作为主要的风险事件之一予以考虑。

（3）液化天然气的储存环境是极端低温，因此在外输过程中若储存环境被破坏或产生剧烈晃荡会使液化天然气快速气化，形成大量蒸发气，如果不能及时进行处理，会造成外输作业失败，并危及周围的人员与设备，因此液化天然气的外输作业也应作为主要的风险事件之一予以考虑。

4.3　FLNG装置风险分析

4.3.1　各阶段风险分析

4.3.1.1　一般性设计与审核阶段风险分析

一般性设计与审核阶段风险分析见表4-2至表4-6。

表4-2　一般性设计与审核阶段的作业权重打分

	初步设计	详细设计	设计审核	生产设计
初步设计	1.000 0	5.000 0	3.000 0	7.000 0
详细设计	0.200 0	1.000 0	0.333 3	3.000 0
设计审核	0.333 3	3.000 0	1.000 0	5.000 0
生产设计	0.142 9	0.333 3	0.200 0	1.000 0
权重	0.563 8	0.117 8	0.263 4	0.055 0

表4-3　一般性设计与审核阶段的风险概率打分

		风险事件权重	概率隶属度					隶属度
			1	2	3	4	5	
一般性设计与审核	初步设计	0.563 8	4	23	17	5	1	2.520 0
	详细设计	0.117 8	17	18	15	0	0	1.960 0
	设计审核	0.263 4	11	37	2	0	0	1.820 0
	生产设计	0.055 0	19	25	4	2	0	1.780 0
最终概率隶属度		2.228 9（2级）						

表 4-4 一般性设计与审核阶段的风险后果打分

		风险事件权重	后果隶属度					隶属度
			1	2	3	4	5	
一般性设计与审核	初步设计	0.563 8	27	19	4	0	0	1.540 0
	详细设计	0.117 8	20	25	4	1	0	1.720 0
	设计审核	0.263 4	5	7	31	7	0	2.800 0
	生产设计	0.055 0	43	7	0	0	0	1.140 0
最终后果隶属度		1.871 1(2 级)						

根据规范中给出的风险等级判断矩阵,并结合上述一般性设计与审核设计的概率等级和后果等级可以得出,一般性设计与审核阶段的风险等级为低风险。

4.3.1.2 液化工艺设计阶段风险分析

液化工艺设计阶段风险分析见表 4-5 至表 4-7。

表 4-5 液化工艺设计阶段的作业权重打分

	预处理	丙烷预冷	液化氮气	过冷氮气	天然气生产	管线布置	设备选型
预处理	1.000 0	0.333 3	3.000 0	2.000 0	0.500 0	5.000 0	4.000 0
丙烷预冷	3.000 0	1.000 0	5.000 0	4.000 0	2.000 0	7.000 0	6.000 0
液化氮气	0.333 3	0.200 0	1.000 0	0.200 0	0.250 0	3.000 0	2.000 0
过冷氮气	0.500 0	0.250 0	5.000 0	1.000 0	0.333 3	4.000 0	3.000 0
天然气生产	2.000 0	0.500 0	4.000 0	3.000 0	1.000 0	6.000 0	5.000 0
管线布置	0.200 0	0.142 9	0.333 3	0.250 0	0.166 7	1.000 0	0.500 0
设备选型	0.250 0	0.166 7	0.500 0	0.333 3	0.200 0	2.000 0	1.000 0
权重	0.158 6	0.349 5	0.059 1	0.117 9	0.239 7	0.030 6	0.044 6

表 4-6 液化工艺设计阶段的风险概率打分

		风险事件权重	概率隶属度					隶属度
			1	2	3	4	5	
液化工艺设计	预处理	0.158 6	12	27	6	5	0	2.080 0
	丙烷预冷	0.349 5	7	15	17	8	3	2.700 0
	液化氮气	0.059 1	9	19	13	8	1	2.460 0
	过冷氮气	0.117 9	6	16	18	7	3	2.700 0
	天然气生产	0.239 7	5	11	20	11	3	2.920 0
	管线布置	0.030 6	38	7	4	1	0	1.360 0
	设备选型	0.044 6	43	6	1	0	0	1.160 0
最终概率隶属度		2.530 5(3 级)						

表 4-7　液化工艺设计阶段的风险后果打分

		风险事件权重	后果隶属度					隶属度
			1	2	3	4	5	
液化工艺设计	预处理	0.158 6	7	10	23	6	4	2.800 0
	丙烷预冷	0.349 5	2	5	17	25	1	3.360 0
	液化氮气	0.059 1	13	20	10	7	0	2.220 0
	过冷氮气	0.117 9	8	25	13	3	1	2.280 0
	天然气生产	0.239 7	3	7	20	15	5	3.240 0
	管线布置	0.030 6	27	13	7	3	0	1.720 0
	设备选型	0.044 6	35	8	7	0	0	1.440 0
最终后果隶属度		2.911 8（3 级）						

　　根据规范中给出的风险等级判断矩阵,并结合上述液化工艺设计的概率等级和后果等级可以得出,液化工艺设计阶段的风险等级为中等风险。

4.3.1.3　建造与安装阶段风险分析

　　建造与安装阶段风险分析见表 4-8 至表 4-10。

表 4-8　建造与安装阶段的作业权重打分

	放样与号料	加工与焊接	装配	下水与试验
放样与号料	1.000 0	0.250 0	0.333 3	0.500 0
加工与焊接	4.000 0	1.000 0	2.000 0	3.000 0
装配	3.000 0	0.500 0	1.000 0	2.000 0
下水与试验	2.000 0	0.333 3	0.500 0	1.000 0
权重	0.095 3	0.466 8	0.277 6	0.160 3

表 4-9　建造与安装阶段的风险概率打分

		风险事件权重	概率隶属度					隶属度
			1	2	3	4	5	
建造与安装	放样与号料	0.095 3	3	41	6	0	0	2.060 0
	加工与焊接	0.466 8	3	19	26	2	0	2.540 0
	装配	0.277 6	4	20	21	5	0	2.540 0
	下水与试验	0.160 3	8	18	23	1	0	2.340 0
最终概率隶属度		2.462 1（2 级）						

表 4-10　建造与安装阶段的风险后果打分

		风险事件权重	后果隶属度					隶属度
			1	2	3	4	5	
建造与安装	放样与号料	0.095 3	38	10	2	0	0	1.280 0
	加工与焊接	0.466 8	15	27	7	1	0	1.880 0
	装配	0.277 6	10	18	16	5	1	2.380 0
	下水与试验	0.160 3	5	27	15	3	0	2.320 0
最终后果隶属度		2.032 1（2 级）						

根据规范中给出的风险等级判断矩阵,并结合上述建造与安装的概率等级和后果等级可以得出,建造与安装阶段的风险等级为低风险。

4.3.1.4　拖航与锚泊阶段风险分析

拖航与锚泊阶段风险分析见表 4-11 至表 4-13。

表 4-11　拖航与锚泊阶段的作业权重打分

	拖航设计	拖航准备	连接	拖航	锚泊
拖航设计	1.000 0	3.000 0	0.500 0	2.000 0	0.333 3
拖航准备	0.333 3	1.000 0	0.250 0	0.500 0	0.200 0
连接	2.000 0	4.000 0	1.000 0	3.000 0	0.500 0
拖航	0.500 0	2.000 0	0.333 3	1.000 0	0.250 0
锚泊	3.000 0	5.000 0	2.000 0	4.000 0	1.000 0
权重	0.160 2	0.061 5	0.263 4	0.097 5	0.417 4

表 4-12　拖航与锚泊阶段的风险概率打分

		风险事件权重	概率隶属度					隶属度
			1	2	3	4	5	
拖航与锚泊	拖航设计	0.160 2	19	27	3	1	0	1.720 0
	拖航准备	0.061 5	33	14	3	0	0	1.400 0
	连接	0.263 4	10	34	5	1	0	1.940 0
	拖航	0.097 5	44	5	1	0	0	1.140 0
	锚泊	0.417 4	9	14	21	4	2	2.520 0
最终概率隶属度		2.035 6（2 级）						

表 4-13 拖航与锚泊阶段的风险后果打分

		风险事件权重	后果隶属度					隶属度
			1	2	3	4	5	
拖航与锚泊	拖航设计	0.160 2	11	27	8	4	0	2.100 0
	拖航准备	0.061 5	37	7	5	1	0	1.400 0
	连接	0.263 4	9	22	11	7	1	2.380 0
	拖航	0.097 5	11	26	9	3	1	2.140 0
	锚泊	0.417 4	1	8	33	7	1	2.980 0
最终后果隶属度		2.501 9（3 级）						

根据规范中给出的风险等级判断矩阵,并结合上述拖航与锚泊的概率等级和后果等级可以得出,拖航与锚泊阶段的风险等级为中等风险。

4.3.1.5 一般性作业阶段风险分析

一般性作业阶段风险分析见表 4-14 至表 4-16。

表 4-14 一般性作业阶段的作业权重打分

	生存	储存	外输
生存	1.000 0	3.000 0	5.000 0
储存	0.333 3	1.000 0	3.000 0
外输	0.200 0	0.333 3	1.000 0
权重	0.637 0	0.258 3	0.104 7

表 4-15 一般性作业阶段的风险概率打分

		风险事件权重	概率隶属度					隶属度
			1	2	3	4	5	
一般性作业	生存	0.637 0	11	37	2	0	0	1.820 0
	储存	0.258 3	9	33	8	0	0	1.980 0
	外输	0.104 7	5	18	20	6	1	2.600 0
最终概率隶属度		1.942 9（2 级）						

表 4-16 一般性作业阶段的风险后果打分

		风险事件权重	后果隶属度					隶属度
			1	2	3	4	5	
一般性作业	生存	0.637 0	0	1	5	38	6	3.980 0
	储存	0.258 3	0	0	2	23	25	4.460 0
	外输	0.104 7	0	3	36	6	5	3.260 0
最终后果隶属度		4.028 6（4 级）						

根据规范中给出的风险等级判断矩阵,并结合上述一般性作业的概率等级和后果等级可以得出,一般性作业阶段的风险等级为中等风险。

4.3.1.6　液化生产作业阶段风险分析

液化生产作业阶段风险分析见表 4-17 至表 4-19。

表 4-17　液化工艺作业阶段的作业权重打分

	预处理	丙烷预冷	液化氮气	过冷氮气	天然气生产
预处理	1.000 0	0.333 3	3.000 0	2.000 0	0.500 0
丙烷预冷	3.000 0	1.000 0	5.000 0	4.000 0	2.000 0
液化氮气	0.333 3	0.200 0	1.000 0	0.200 0	0.250 0
过冷氮气	0.500 0	0.250 0	5.000 0	1.000 0	0.333 3
天然气生产	2.000 0	0.500 0	4.000 0	3.000 0	1.000 0
权重	0.158 7	0.413 6	0.050 7	0.116 0	0.260 9

表 4-18　液化工艺作业阶段的风险概率打分

		风险事件权重	概率隶属度					隶属度
			1	2	3	4	5	
液化工艺	预处理	0.158 7	3	23	19	4	1	2.540 0
	丙烷预冷	0.413 6	1	20	23	5	1	2.700 0
	液化氮气	0.050 7	8	33	6	3	0	2.080 0
	过冷氮气	0.116 0	5	27	11	6	1	2.420 0
	天然气生产	0.260 9	3	5	31	7	4	3.080 0
最终概率隶属度		2.705 9（3 级）						

表 4-19　液化工艺作业阶段的风险后果打分

		风险事件权重	后果隶属度					隶属度
			1	2	3	4	5	
液化工艺	预处理	0.158 7	0	1	3	41	5	4.000 0
	丙烷预冷	0.413 6	0	3	8	37	2	3.760 0
	液化氮气	0.050 7	2	47	1	0	0	1.980 0
	过冷氮气	0.116 0	2	41	7	0	0	2.100 0
	天然气生产	0.260 9	0	2	20	23	5	3.620 0
最终后果隶属度		3.478 4（4 级）						

根据规范中给出的风险等级判断矩阵,并结合上述液化工艺作业的概率等级和后果等级可以得出,液化工艺作业阶段的风险等级为中高风险。

4.3.1.7　弃置阶段风险分析

弃置阶段风险分析见表4-20至表4-22。

表4-20　弃置阶段的作业权重打分

	弃置设计	设备回收	弃置
弃置设计	1.000 0	5.000 0	3.000 0
设备回收	0.200 0	1.000 0	0.333 3
弃置	0.333 3	3.000 0	1.000 0
权重	0.637 0	0.104 7	0.258 3

表4-21　弃置阶段的风险概率打分

		风险事件权重	概率隶属度					隶属度
			1	2	3	4	5	
弃置	弃置设计	0.637 0	2	33	14	1	0	2.280 0
	设备回收	0.104 7	2	37	11	0	0	2.180 0
	弃置	0.258 3	5	20	23	2	0	2.440 0
最终概率隶属度		2.310 8（2级）						

表4-22　弃置阶段的风险后果打分

		风险事件权重	后果隶属度					隶属度
			1	2	3	4	5	
弃置	弃置设计	0.637 0	2	26	21	1	0	2.420 0
	设备回收	0.104 7	2	41	5	2	0	2.140 0
	弃置	0.258 3	2	17	24	5	2	2.760 0
最终后果隶属度		2.478 5（2级）						

根据规范中给出的风险等级判断矩阵,并结合上述弃置的概率等级和后果等级可以得出,弃置阶段的风险等级为低风险。

4.3.2　FLNG装置整体风险分析

根据上述所完成的作业权重、概率等级和后果等级,可以进一步推算出FLNG装置的整体风险等级,见表4-23至表4-25。

表4-23　FLNG装置的整体权重打分

	设计与审核	建造与安装	拖航与锚泊	作业	弃置
设计与审核	1.000 0	5.000 0	3.000 0	0.333 3	7.000 0
建造与安装	0.200 0	1.000 0	0.333 3	0.142 9	3.000 0

续表

	设计与审核	建造与安装	拖航与锚泊	作业	弃置
拖航与锚泊	0.333 3	3.000 0	1.000 0	0.200 0	5.000 0
作业	3.000 0	7.000 0	5.000 0	1.000 0	9.000 0
弃置	0.142 9	0.333 3	0.200 0	0.111 1	1.000 0
权重	0.263 8	0.063 6	0.129 6	0.510 0	0.032 9

表 4-24　FLNG 装置的整体概率权重打分

一级作业	一级权重	二级作业	二级权重	概率隶属度向量	加权概率隶属度向量
设计与审核	0.263 8	一般性设计与审核	0.300 0	(0.164 0,0.524 2, 0.242 0,0.058 6,0.011 3)	(0.187 4,0.376 4,0.279 0, 0.123 3,0.033 9)
		液化工艺设计	0.700 0	(0.197 4,0.313 1, 0.294 9,0.151 1,0.043 6)	
建造与锚泊	0.063 6	建造与锚泊	1.000 0	(0.081 6,0.424 3,0.444 5,0.049 6,0.000 0)
拖航与锚泊	0.129 6	拖航与锚泊	1.000 0	(0.315 1,0.409 5,0.216 9,0.041 9,0.016 7)
作业	0.510 0	一般性作业	0.250 0	(0.197 1,0.679 6, 0.108 7,0.012 6,0.002 1)	(0.089 1,0.440 4,0.360 1, 0.083 8,0.026 5)
		液化生产作业	0.750 0	(0.053 2,0.360 6, 0.443 9,0.107 5,0.034 6)	
弃置	0.032 9	弃置	1.000 0	(0.055 5,0.601 2,0.320 2,0.023 1,0.000 0)

表 4-25　FLNG 装置的整体后果权重打分

一级作业	一级权重	二级作业	二级权重	后果隶属度向量	加权后果隶属度向量
设计与审核	0.263 8	一般性设计与审核	0.300 0	(0.425 2,0.317 7, 0.217 8,0.039 2,0.000 0)	(0.220 3,0.233 9,0.303 8, 0.209 8,0.032 2)
		液化工艺设计	0.700 0	(0.132 5,0.197 9, 0.340 7,0.282 9,0.046 0)	
建造与安装	0.063 6	建造与锚泊	1.000 0	(0.284 0,0.457 6,0.206 1,0.046 7,0.005 6)
拖航与锚泊	0.129 6	拖航与锚泊	1.000 0	(0.158 0,0.328 5,0.382 8,0.115 2,0.015 6)
作业	0.510 0	一般性作业	0.250 0	(0.000 0,0.019 0, 0.149 4,0.615 5,0.216 1)	(0.005 0,0.140 7,0.185 3, 0.571 0,0.097 9)
		液化生产作业	0.750 0	(0.006 7,0.181 2, 0.197 3,0.556 2,0.058 5)	
弃置	0.032 9	弃置	1.000 0	(0.040 0,0.504 9,0.402 0,0.042 8,0.010 3)

　　通过矩阵计算,即可得到 FLNG 装置的整体风险概率隶属度向量为(0.142 7, 0.423 7, 0.324 2, 0.084 6, 0.024 6),即风险概率等级为 2 级;风险后果隶属度向量为(0.100 5, 0.221 7,0.250 6,0.365 9,0.061 1),即风险后果等级为 4 级。

　　根据规范中给出的风险等级判断矩阵,并结合上述概率等级和后果等级可以得出,

FLNG 装置的整体风险等级为中等风险。

4.4　FLNG 装置风险控制

4.4.1　油气泄漏防控机制

实践证明,对于 FLNG 装置泄漏以后的治理往往需要付出成倍的代价。对生产设施采取积极的预防措施,可以有效装置减少泄漏的发生,减轻危害。因此,重视泄漏预防,进行超前投入,既有必要,又有经济效益。

从风险管理的战略角度来说,应当首先采取本质安全方法从根本上消除风险,之后在各个阶段采取层层屏障措施对风险事件加以控制或减缓,从而最终遏制风险升级,保证生产安全。

层层屏障强调的是对危险事件的控制;而本质安全则以系统中物料的物化性质、工艺操作及与之相关的特性等为基础,通过设备、工艺、物料等的设计与改进,从源头上消除或减少系统中的危险。

"本质安全"的思想可以应用于从设计到生产运行的全生命周期,然而在不同的阶段实施本质安全,其成本和效果有很大差异。

针对 FLNG 装置上的生产处理过程,结合"损失因果关系模型"和"瑞士干酪模型"的优点,提出一种事故预防模型。为了降低可燃物的泄漏,采取一系列连续的预防屏障来减小事件的扩大影响,如图 4-1 所示。

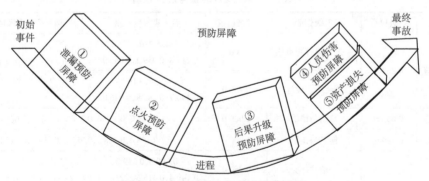

图 4-1　生产过程中的预防屏障设置

如果在整个生产过程的每一阶段设置预防屏障,将每一阶段的风险都控制在合理范围内,则所有这些影响的累加仍然控制在管理标准之内,那么整个生产过程的安全是可以保证的。这个过程就是风险的阶段控制。

当初始不正常事件发生后,首先进入泄漏预防屏障,如果出现失效因素,则不正常事件延续至模型中的下一个预防屏障,即点火预防屏障;如果泄漏预防屏障子元素未失效,则不正常事件将返回至正常状态,这需要所有的子元素都具有足够低的失效概率。以此类推,如果所有预防屏障中都存在突出的失效因素,则不正常事件持续发生直至造成人员、财产、生产和环境的损失。具体如图 4-2 所示。

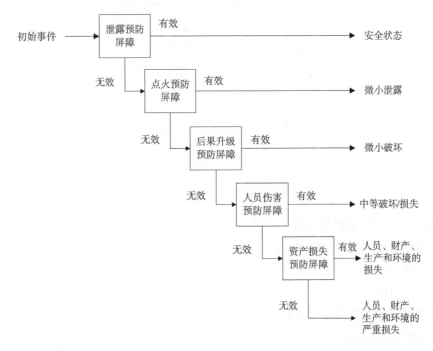

图 4-2 模型事件树

分析了产生泄漏的原因,也就确定了防泄漏的措施。为了提高可靠性,就应该构筑起阻止泄漏的层层防线。

4.4.2 火灾爆炸风险控制技术

由于 FLNG 装置生产产品的易燃易爆性,决定了装置的高风险性,而发生火灾爆炸事故是其最主要的风险。要控制 FLNG 装置发生火灾爆炸的风险,须从降低事故发生概率、控制事故后果和本质安全设计三个基本层次入手。从对火灾爆炸的控制层次上来说,首先通过本质安全设计,尽可能降低装置的固有危险程度,然后通过有效的管理和合理的设计降低火灾爆炸发生的概率,尽可能避免火灾爆炸事故的发生;接着假设火灾发生,考虑通过设计优化和有效管理来限制火势蔓延,防火灭火,避免后果升级。一旦上述三个层次的控制都没有起到作用,即火灾爆炸迅速蔓延或者难以扑灭,那么为确保人员的安全疏散撤离和避免临近的船只、设施等受到波及,本课题中提出了一些关于制定重大火灾爆炸下应急响应预案的建议。

基于本质安全的原理,对于 FLNG 装置火灾爆炸风险最小化的设计原理如图 4-3 所示。

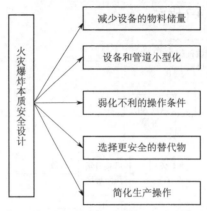

图 4-3　火灾爆炸风险最小化设计原理

火灾爆炸发生概率最小化技术包括：

（1）通过设计防止可燃物泄漏；

（2）控制可燃浓度；

（3）抑制引燃源。

火灾爆炸风险后果控制技术包括：

（1）安装防火防爆墙；

（2）控制溢流排放；

（3）提升通风条件；

（4）提高设备和结构的抵抗力；

（5）使用消防设施；

（6）准确应对浓烟。

4.4.3　FLNG 装置火灾后果控制建议

4.4.3.1　设计阶段防火措施

FLNG 装置的储罐多采用绝热保冷设计,储罐中的液化天然气处于过热状态。由于外界热量（或其他能量）的导入,会导致液化天然气蒸发气化。为此储罐上要装有安全报警设施,以保证操作安全,防止出现溢出、翻滚、分层、过压和欠压等事故。

为防止液化天然气储罐发生超压,建议配备蒸发气体（Boil-Off Gas，BOG）压缩机及备用机,以将储罐内的 BOG 抽出,压缩后作为燃料气使用。如果液化天然气储罐气相空间的压力过高,蒸发气压缩机不能控制,且压力超过压力调节阀的设定值,建议通过应急排气系统将蒸发气引导至火炬塔进行焚烧消耗,以减少对大气的污染。如压力仍然不可控,储罐内多余的蒸发气可以考虑在天气允许的情况下进行排空。

为防止液化天然气储罐在运行中发生欠压或真空事故,工艺系统中建议配置防真空补气系统。当储罐压力低至安全阈值时,可以从补气系统处补充天然气,通过罐顶压力控制阀补充返回储罐。

在船体设备布置中,应将危险等级相同的工艺及公用设施尽量布置在相邻区域,危险等级低的设备与危险等级高的设备之间要留有一定的空间或设置一定防火等级的结构隔离措施,如防火、防爆墙。

4.4.3.2　建造阶段防火措施

关键设备、管线电线等的建造与选材应严格把关,建议建立有效的施工质量监督机制,防止偷工减料和选用不合格设备。在建造施工过程中加强对建造人员的安全防火意识教育。

此外,在建造验收时建议特别对各个设备的防火性能进行检测,并在正式作业前确保各个高风险设施无泄漏,相关仪表正常工作。

4.4.3.3　运营阶段防火措施

1. 漏源控制

液化天然气的泄漏将引起火灾或爆炸事故,建议特别加强设备、管道、阀门的密封,防止可燃物料泄漏。建议在液化天然气处理及装置储存区安装泄漏检测装置,以便及时发现和紧急处理事故。国内外使用的检测方法主要有:可燃性气体检测、温度检测、火焰检测、热检测、烟雾检测等方法。

储罐区和工艺区应考虑设置事故收集池,泄漏的液化天然气收集到池内,并防止泄漏的液化天然气溢流;对 FLNG 装置,每个收集池均设置高倍数泡沫灭火系统,当低温探测器检测到收集池内有泄漏的液化天然气后,即自动向收集池内喷射高倍数泡沫混合液,以减少液化天然气气化。

2. 点火源控制

点火源包括明火、无遮挡的强光、电火花、物体撞击的火花和静电、高温表面等。液化天然气设备和确定的危险区域应远离和避免上述点火源。除指定的安全区域外,一律严格禁止吸烟和非工作必需的明火。工作流程必须确保安全区的安全。

3. 电气防爆

根据规范要求,划分火灾爆炸危险区域,根据火灾爆炸危险区域的划分选用相应的防爆电气设备、配线及开关等。

4. 耐火保护

对装置内承重的钢框架、支架、裙座以及钢管架等按规范要求采取覆盖耐火层等耐火保护措施,使涂有耐火层的钢结构的耐火极限满足规范要求;对火灾爆炸危险区域内可能受到火灾威胁的关键阀门、控制关键设备的仪表、电缆均应采取有效的耐火保护措施。

5. 防静电

对处理和输送可燃物料、可能产生静电危险的设备和管道,均采取可靠的静电接地措施;对输送可燃物料的管道,采取限制流速的措施,以避免因流速过快而带来的静电危害。

6. 防雷

对高大的框架和设备(如火炬)等均采取可靠的防雷接地措施,避免因雷击造成的危害。

4.4.3.4　消防措施

消防灭火的首要措施是控制可燃物，防止其扩散。通常情况下，火灾在燃料源未被切断前，应先设法切断燃料源。当判断火灾不会再次造成破坏的情况下，可以允许大火烧完。若人员处于危险范围、气体阀门处在火焰或火焰的热辐射中，建议尽快将火灾扑灭或进行控制。对于小型设备泄漏，如果发生火灾，在火灾被扑灭之前，溢出的可燃物有可能已燃烧得差不多了，因此重点在于切断燃料源，防止其他可燃物的引入。对于大型设备发生火灾，重点要控制火焰的传播，防止引发次生灾害。应在上风口位置控制火焰，灭火剂顺着风向向火焰流动，并使消防人员远离火焰。需要注意的是，天然气在被点着的瞬间火焰很大燃烧剧烈，因此在某些情况下，控制液化天然气的火焰比灭火的效果要好。

在考虑液化天然气设备和装置的灭火系统时，必须充分考虑灭火系统的能力。液化天然气是一种深冷物料，其泄漏引起的火灾多为气体火灾，化学干粉灭火剂和气体灭火剂，都可用于扑灭液化天然气产生的火焰，泡沫和水无法扑灭液化天然气产生的大火，如把常温水喷射到深冷的液化天然气上会加剧其挥发而带来更大危险。高倍数泡沫一般用于扑救液化天然气的流淌火灾及控制液化天然气的挥发，喷淋水主要用于冷却设备、阀门及控制火灾蔓延。

1. 水喷淋系统

水喷淋系统的主要功能是对天然气处的设备、钢结构、管道、仪表阀门、安全阀及其他设施进行保护，其目的是冷却设备、控制火灾蔓延。水喷淋系统建议设置为自动控制，同时具有就地控制的功能。当探测器检测到火灾信号后，将信号传输到火灾报警控制盘，通过火灾报警控制盘的连锁控制信号启动阀门，从而开启水喷淋系统。

为防止火灾蔓延，建议对每个模块设置至少一套喷淋系统，如果某个模块发生火灾，除保护该模块的喷淋系统需要开启外，建议根据火灾情况同时手动开启与其相邻模块的喷淋系统，防止火灾蔓延。

2. 干粉灭火系统

干粉灭火系统通过干粉与火焰接触时产生的物理化学作用进行灭火。干粉颗粒以雾状形式喷向火焰，大量吸收火焰中的活性基团，使燃烧反应的活性基团急剧减少，中断燃烧的连锁反应，从而使火焰熄灭。干粉喷向火焰时，像浓云似的罩住火焰，减少热辐射。干粉受高温发生反应，放出结晶水或产生分解，不仅可以吸收火焰的部分热量，还可降低燃烧区内的氧含量。建议在储罐、管道安全阀等部位设置固定干粉灭火系统，采用自动控制方式，一旦排出的可燃物被点燃，可自动释放干粉灭火，避免事故扩大造成危险。

3. 高倍泡沫灭火系统

高膨胀率的泡沫可用于抑制液化天然气产生的火焰扩散，并降低火焰的辐射。当泡沫喷到液态天然气表面后，蒸气不断受热并穿过泡沫上升，而不是在地面扩散。在使用高倍泡沫后，液化天然气蒸气扩散范围可明显减小。当泡沫喷到已点燃的液化天然气表面时，它可抑制热量的传递，降低蒸发率和火焰的规模。

4. 辅助消防设备及安排

建议在工艺处理区、储罐区和各建筑物内配置干粉、泡沫、二氧化碳等手提式或推车式灭火器,以扑灭初起火灾,还应根据规范要求配备足量的消防员、消防器械、洗眼站以及呼吸器等其他消防用品。消防设施要按照标准定期检修,例如灭火器需一年翻修一次。

在 FLNG 装置上,建议设有完整的防火人员体系,危险设备应有专人监控其火灾风险,发现问题及时上报。建立完整的火灾风险事件问责体系,加强船员的火灾风险意识。完备防火巡视员制度,以便在发生轻微泄漏和轻微火情时能迅速消灭火灾隐患。

利用中央控制系统监控高风险设备的运行情况,防止超负荷运作,利用相关仪表监控是否发生泄漏,发生超负荷运作和泄漏后立即关闭设备阀门。

第 5 章　基于模糊 Shannon 熵和多属性理想现实分析比较法的浮式生产储存卸货装置火灾爆炸风险评估

火灾爆炸事故是浮式生产储存卸货（Floating Production Storage and Offloading，FPSO）装置作业过程中面临的重要风险之一，为了保障海上油气开发的安全进行，需要对 FPSO 失效引起的火灾爆炸进行风险评估。基于模糊 Shannon 熵和多属性理想现实分析比较法（Multi Attributive Ideal-Real Comparative Analysis，MAIRCA）提出了一种改进的 FMEA 风险评估方法。通过模糊 Shannon 熵确定风险因素之间的模糊相对重要度，采用 MAIRCA 中的重要度值对失效模式进行风险等级排序。对 FPSO 火灾爆炸进行风险评估，并与 TOPSIS 方法和传统 FMEA 方法得到的评估结果进行对比验证评估方法的有效性和可靠性。研究表明，提出的方法能在模糊数据中获取准则权重，在处理大量失效模式和决策标准的情况下计算成本低，该方法排序稳定性更高，能够获得更加可靠的风险评估结果。

5.1　基本方法介绍

5.1.1　三角模糊数与 Shannon 熵

模糊数是用于处理模糊性的变量，常见的模糊数有三角模糊数、梯形模糊数、正态分布模糊数。本章主要利用三角模糊数来解决问题，三角模糊数（Triangular Fuzzy Number，TFN）$A = (a, b, c)$ 是目前使用最广泛的模糊数，用于解决不确定环境下的问题。三角模糊数易于应用，可以直接进行计算。

Shannon 熵最早由 Shannon 提出，目前广泛用于多准则决策过程，可以通过客观权重方法获得标准权重。Kacprzak 首次提出了 TFN 与 Shannon 熵相结合的方法。$TFN \tilde{A}(x)$ 的隶属度函数

$$\tilde{A}(x) = \begin{cases} \dfrac{x - c_A^L}{c_A^M - c_A^L} & (c_A^L < x < c_A^M) \\ 1 & (x = c_A^M) \\ \dfrac{c_A^U - x}{c_A^U - c_A^M} & (c_A^M < x < c_A^U) \\ 0 & \text{其他} \end{cases} \tag{5-1}$$

式中：c_A^L、c_A^U 分别为左右隶属度函数的最大、最小边界值；c_A^M 为 $TFN \tilde{A}(x)$ 的中间值。

为了获得清晰的 *TFN* 数值结果，Tzeng 和 Huang 采用区域中心（Center of area，*COA*）去模糊化技术：

$$COA_{\tilde{A}} = \frac{\left(c_A^U - c_A^L\right) + \left(c_A^M - c_A^L\right)}{3} + c_A^L \qquad (5\text{-}2)$$

模糊数运算法则：在标准的模糊运算中，对实数的基本运算法则已经扩展到对 *TFN* 的运算中，并要求输入的数据均为正数。假设两个 *TFN*，*TFN* $\tilde{A}$、*TFN* $\tilde{B}$ 定义为 $\tilde{A} = \left(c_A^L, c_A^M, c_A^U\right)$、$\tilde{B} = \left(c_B^L, c_B^M, c_B^U\right)$，则两个模糊数之间的运算法则为

$$\tilde{A} \oplus \tilde{B} = \left(c_A^L \oplus c_B^L, c_A^M \oplus c_B^M, c_A^U \oplus c_B^U\right) \qquad (5\text{-}3a)$$

$$\tilde{A} \otimes \tilde{B} = \left(c_A^L \otimes c_B^L, c_A^M \otimes c_B^M, c_A^U \otimes c_B^U\right) \qquad (5\text{-}3b)$$

$$\tilde{A} \div \tilde{B} = \left(c_A^L \div c_B^L, c_A^M \div c_B^M, c_A^U \div c_B^U\right) \qquad (5\text{-}3c)$$

此外，三角模糊数大小的比较方法为

$$\tilde{A} \geq \tilde{B} \quad \left(c_A^L \geq c_B^L, c_A^M \geq c_B^M, c_A^U \geq c_B^U\right) \qquad (5\text{-}4a)$$

$$\tilde{A} \leq \tilde{B} \quad \left(c_A^L \leq c_B^L, c_A^M \leq c_B^M, c_A^U \leq c_B^U\right) \qquad (5\text{-}4b)$$

5.1.2　多属性理想现实比较分析方法

MAIRCA 法是 2014 年由 Pamučar 等研究开发的一种新的多准则决策（Multi-Criteria Decision Making, MCDM）方法。MAIRCA 主要基于正理想解和负理想解的概念，其基本概念建立在理想和现实的比较上，测算专家给出的判断矩阵与理想矩阵之间的"距离"。与目前其他流行的 MCDM 方法（如 TOPSIS）相对比，这种方法被证明可靠且计算的成本更低。MAIRCA 使用简单的数学算法，可以与其他方法结合使用，方便进行深入的研究和开发。

MAIRCA 方法首先对各指标进行赋权，其次对于每一个变量，测算该变量在所有指标下的实际判断与理想判断之间的"距离"并进行加和，最后根据总距离的升序对变量进行排序，该排序即为变量的重要度排序。

MAIRCA 方法具备以下优点。

（1）在许多复杂的 FMEA 问题中，可能会处理大量的故障模式，当替代方案和决策标准数量多时，MRIRCA 能够减少大量计算过程。

（2）与 TOPSIS 方法类似，MAIRCA 方法也是基于理想解决方案的概念的。但它的优点是每个替代方案都具有相同的优先级，决策者在选择替代方案时不会存在偏见。

（3）在 FMEA 过程中通常需要包括或排除故障模式。在这种情况下，研究表明大多数早期使用的 MCDM 方法会出现等级反转现象。经过试验，MAIRCA 方法在这种情况下不会出现任何等级反转的现象。

（4）在考虑风险评估过程中的多个风险因素时，有些标准是定量的，有些标准是定性的。MAIRCA 能够将两种类型的标准在决策过程中进行考虑。

本章构建了一种改进的 FMEA 方法，该方法将模糊 Shannon 熵与优化的多属性理想真实比较分析方法（MAIRCA）相结合。利用模糊 Shannon 熵计算风险因素之间的模糊相对

重要度,进而在 MAIRCA 方法中利用相对重要度,根据故障风险等级进行排序,对 FPSO 装置火灾爆炸进行风险评估验证评估方法的可行性。

5.2 FPSO 装置火灾爆炸风险评估流程

本章提出方法的风险评估流程如图 5-1 所示。

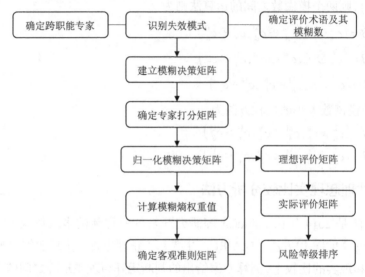

图 5-1 基于模糊 Shannon 熵和 MAIRCA 的风险评估流程

5.2.1 计算客观准则权重

步骤 1:建立模糊决策矩阵

基于对所考虑标准的备选方案(本案例中是失效模式)的语言变量,构建初始语言决策矩阵 $\boldsymbol{D}_L$。为了通用起见,考虑相对于 n 个标准、k 个专家参与 m 个备选方案的评估过程。获得的决策矩阵表示为

$$\boldsymbol{D}_L = \begin{pmatrix} L_{11}^1,\cdots,L_{11}^k & L_{12}^1,\cdots,L_{12}^k & \cdots & L_{1n}^1,\cdots,L_{1n}^k \\ L_{21}^1,\cdots,L_{21}^k & L_{22}^1,\cdots,L_{22}^k & \cdots & L_{2n}^1,\cdots,L_{2n}^k \\ \vdots & \vdots & & \vdots \\ L_{m1}^1,\cdots,L_{m1}^k & L_{m2}^1,\cdots,L_{m2}^k & \cdots & L_{mn}^1,\cdots,L_{mn}^k \end{pmatrix} \tag{5-5}$$

式中:L_{mn}^k 为第 k 个专家根据第 n 个标准在语言上评估了第 m 个备选方案,$L_{mn}^k = \dfrac{AA(E_u)}{\sum\limits_{u=1}^{M} AA(E_u)}$。

遵循通过模糊数对备选方案进行评分的量表,将每个语言决策替换为相应的模糊数:

$$\tilde{\boldsymbol{X}}^{(1)} = \begin{pmatrix} \tilde{x}_{11}^{(1)} & \tilde{x}_{12}^{(1)} & \cdots & \tilde{x}_{1n}^{(1)} \\ \tilde{x}_{21}^{(1)} & \tilde{x}_{22}^{(1)} & \cdots & \tilde{x}_{2n}^{(1)} \\ \vdots & \vdots & & \vdots \\ \tilde{x}_{m1}^{(1)} & \tilde{x}_{m2}^{(1)} & \cdots & \tilde{x}_{mn}^{(1)} \end{pmatrix}, \cdots, \tilde{\boldsymbol{X}}^{(k)} = \begin{pmatrix} \tilde{x}_{11}^{(k)} & \tilde{x}_{12}^{(k)} & \cdots & \tilde{x}_{1n}^{(k)} \\ \tilde{x}_{21}^{(k)} & \tilde{x}_{22}^{(k)} & \cdots & \tilde{x}_{2n}^{(k)} \\ \vdots & \vdots & & \vdots \\ \tilde{x}_{m1}^{(k)} & \tilde{x}_{m2}^{(k)} & \cdots & \tilde{x}_{mn}^{(k)} \end{pmatrix} \tag{5-6}$$

确定专家的权重 $(c_1, c_2, \cdots, c_k)$, $\sum_{i=1}^{k} c_i = 1$, 进而构造模糊聚合决策矩阵

$$
\tilde{X} = \left(\tilde{x}_{ji} \right)_{m \times n} = \begin{array}{c} \\ A_1 \\ A_2 \\ \vdots \\ A_m \end{array} \overset{\begin{array}{cccc} C_1 & C_2 & \cdots & C_n \end{array}}{\begin{pmatrix} \tilde{x}_{11} & \tilde{x}_{12} & \cdots & \tilde{x}_{1n} \\ \tilde{x}_{21} & \tilde{x}_{22} & \cdots & \tilde{x}_{2n} \\ \vdots & \vdots & \vdots & \vdots \\ \tilde{x}_{m1} & \tilde{x}_{m2} & \cdots & \tilde{x}_{mn} \end{pmatrix}} \tag{5-7}
$$

式中: $\tilde{x}_{ji}$ 为方案 j 对于标准 i 的评价等级。比如 $\tilde{x}_{11}$ 是专家根据标准1对备选方案1进行评价, $\tilde{x}_{11} = \left(x_{11}^L, x_{11}^M, x_{11}^U \right)$。

$$
\tilde{X}_{mn} = c_1 \tilde{x}_{mn}^{(1)} + c_2 \tilde{x}_{mn}^{(2)} + \cdots + c_k \tilde{x}_{mn}^{(k)} \tag{5-8}
$$

步骤2: 归一化模糊决策矩阵

$$
TFN \tilde{r}_{ji} = \left(r_{jiL}^C, r_{jiM}^C, r_{jiU}^C \right) \quad (i = 1, 2, \cdots, n; j = 1, 2, \cdots, m) \tag{5-9}
$$

其中, C 表示约束模糊算法; L、M、U 表示最低, 中间和最高边界值。

$$
r_{jiL}^C = \min \left\{ \frac{x_{ji}^L}{\sqrt{\sum_{j=1}^{m} x_{ji}^2}}, \frac{x_{ji}^U}{\sqrt{\sum_{j=1}^{m} x_{ji}^2}} \right\} \tag{5-10a}
$$

$$
r_{jiM}^C = \left\{ \frac{x_{ji}^M}{\sqrt{\sum_{j=1}^{m} (x_{ji}^M)^2}} \right\} \tag{5-10b}
$$

$$
r_{jiU}^C = \max \left\{ \frac{x_{ji}}{\sqrt{\sum_{j=1}^{m} x_{ji}^2}}; x_{ji} \in \left[x_{ji}^L, x_{ji}^U \right] \right\} \tag{5-10c}
$$

步骤3: 确定每个评价标准模糊熵权值

$$
\tilde{e}_i = \left(e_{i_L}^C, e_{i_M}^C, e_{i_U}^C \right) \tag{5-11a}
$$

$$
\tilde{f}_{ji} = \frac{\tilde{r}_{ji}}{\sum_{j=1}^{m} \tilde{r}_{ji}} \tag{5-11b}
$$

$$
\tilde{e}_i = -\frac{\sum_{j=1}^{m} \tilde{f}_{ji} \times \ln \tilde{f}_{ji}}{\ln m} \tag{5-11c}
$$

$$
e_{i_L}^C = \min \left\{ -\frac{\sum_{j=1}^{m} \left(\frac{r_{ji}}{\sum_{j=1}^{m} r_{ji}} \times \ln \frac{r_{ji}}{\sum_{j=1}^{m} r_{ji}} \right)}{\ln m}; r_{ji} \in \left[r_{ji}^L, r_{ji}^U \right] \right\} \tag{5-12a}
$$

$$e_{i_{\mathrm{M}}}^{\mathrm{C}} = -\frac{\sum\limits_{j=1}^{m}\left(\dfrac{r_{ji}^{\mathrm{M}}}{\sum\limits_{j=1}^{m}r_{ji}^{\mathrm{M}}}\times\ln\dfrac{r_{ji}^{\mathrm{M}}}{\sum\limits_{j=1}^{m}r_{ji}^{\mathrm{M}}}\right)}{\ln m} \tag{5-12b}$$

$$e_{i_{\mathrm{U}}}^{\mathrm{C}} = \max\left\{-\frac{\sum\limits_{j=1}^{m}\left(\dfrac{r_{ji}}{\sum\limits_{j=1}^{m}r_{ji}}\times\ln\dfrac{r_{ji}}{\sum\limits_{j=1}^{m}r_{ji}}\right)}{\ln m}; r_{ji}\in\left[r_{ji}^{\mathrm{L}},r_{ji}^{\mathrm{U}}\right]\right\} \tag{5-12c}$$

式中：$\tilde{e}_i$ 为模糊熵权值；$\tilde{f}_{ji}$ 为模糊数平均值。

如果 $\tilde{f}_{ji}$ 均相同，则每个准则的模糊熵值为最大值 $\tilde{e}_i$。如果 $\tilde{f}_{ji}=0$，则 $\tilde{f}_{ji}\times\ln\tilde{f}_{ji}=0$。

步骤 4： 确定准则的模糊熵权重值

$$\tilde{w}=\left(w_{i_{\mathrm{L}}}^{\mathrm{C}}, w_{i_{\mathrm{M}}}^{\mathrm{C}}, w_{i_{\mathrm{U}}}^{\mathrm{C}}\right) \tag{5-13}$$

$$w_{i_{\mathrm{L}}}^{\mathrm{C}} = \min\left\{\left(\frac{1-e_i}{\sum\limits_{i=1}^{n}e_i}\right); e_i\in\left[e_{i_{\mathrm{L}}}^{\mathrm{C}}, e_{i_{\mathrm{U}}}^{\mathrm{C}}\right]\right\} \tag{5-14a}$$

$$w_{i_{\mathrm{M}}}^{\mathrm{C}} = \frac{1-e_i^{\mathrm{M}}}{\sum\limits_{i=1}^{n}e_i^{\mathrm{M}}} \tag{5-14b}$$

$$w_{i_{\mathrm{U}}}^{\mathrm{C}} = \max\left\{\left(\frac{1-e_i}{\sum\limits_{i=1}^{n}e_i}\right); e_i\in\left[e_{i_{\mathrm{L}}}^{\mathrm{C}}, e_{i_{\mathrm{U}}}^{\mathrm{C}}\right]\right\} \tag{5-14c}$$

式中：$\tilde{w}$ 表示模糊熵权重值。

5.2.2　备选方案排序

MAIRCA 方法的基本概念是建立在理想和经验替代方案的比较研究之上的，主要通过定义理想与经验方案之间的距离来实现对每一个方案，所有标准的距离之和为总的距离，总距离最小的方案被认定为最佳的方案。MAIRCA 包括下列步骤。

步骤 1： 确定专家对方案的偏好

MAIRCA 假设专家不会偏向于选择某一个方案，可以用相等的概率选择任意方案，因此对每个方案的偏好 P_{Aj} 都可以表示为

$$P_{Aj}=\frac{1}{m} \tag{5-15a}$$

$$\sum_{i=1}^{m}P_{Aj}=1 \tag{5-15b}$$

步骤 2： 确定模糊理想评价矩阵

利用获得的 P_{A_j} 和模糊标准权重，可以确定模糊理想评价矩阵 $\tilde{T}_{P_A}$：

$$
\tilde{T}_{P_A} = \begin{pmatrix} \dfrac{1}{m}\tilde{w}_1 & \dfrac{1}{m}\tilde{w}_2 & \cdots & \dfrac{1}{m}\tilde{w}_n \\ \dfrac{1}{m}\tilde{w}_1 & \dfrac{1}{m}\tilde{w}_2 & \cdots & \dfrac{1}{m}\tilde{w}_n \\ \vdots & \vdots & & \vdots \\ \dfrac{1}{m}\tilde{w}_1 & \dfrac{1}{m}\tilde{w}_2 & \cdots & \dfrac{1}{m}\tilde{w}_n \end{pmatrix} = \begin{pmatrix} \tilde{t}_{p11} & \tilde{t}_{p12} & \cdots & \tilde{t}_{p1n} \\ \tilde{t}_{p21} & \tilde{t}_{p22} & \cdots & \tilde{t}_{p21} \\ \vdots & \vdots & & \vdots \\ \tilde{t}_{pm1} & \tilde{t}_{pm2} & \cdots & \tilde{t}_{pmn} \end{pmatrix} \tag{5-16}
$$

式中：$\dfrac{1}{m} = P_{A_j}$；$\tilde{t}_{pm1}$ 为 $\tilde{T}_{P_A}$ 的组成元素。

步骤 3：模糊聚合决策矩阵归一化

将式（5-16）获得的模糊聚合决策矩阵归一化，并生成模糊归一化决策矩阵 $\tilde{N}$。通过决策矩阵的归一化过程可以增加其可比性，减少了计算涉及的复杂性并且提高了计算的精确性。此外，当决策者处理大量有冲突的标准时，不用考虑评价标准的属性（即收益性或成本型标准）。归一化过程为

$$
\tilde{n}_{ji} = (n_{ji}^{\mathrm{L}}, n_{ji}^{\mathrm{M}}, n_{ji}^{\mathrm{U}}) \tag{5-17a}
$$

$$
n_{ji}^{\mathrm{L}} = \frac{m \times n \times x_{ji}^{\mathrm{L}}}{\sqrt{\sum\limits_{j=1}^{m}\left[\left(x_{ji}^{\mathrm{L}}\right)^2 + \left(x_{ji}^{\mathrm{M}}\right)^2 + \left(x_{ji}^{\mathrm{U}}\right)^2\right]}} \tag{5-17b}
$$

$$
n_{ji}^{\mathrm{M}} = \frac{m \times n \times x_{ji}^{\mathrm{M}}}{\sqrt{\sum\limits_{j=1}^{m}\left[\left(x_{ji}^{\mathrm{L}}\right)^2 + \left(x_{ji}^{\mathrm{M}}\right)^2 + \left(x_{ji}^{\mathrm{U}}\right)^2\right]}} \tag{5-17c}
$$

$$
n_{ji}^{\mathrm{U}} = \frac{m \times n \times x_{ji}^{\mathrm{U}}}{\sqrt{\sum\limits_{j=1}^{m}\left[\left(x_{ji}^{\mathrm{L}}\right)^2 + \left(x_{ji}^{\mathrm{M}}\right)^2 + \left(x_{ji}^{\mathrm{U}}\right)^2\right]}} \tag{5-17d}
$$

其中，x_{ji}^{L}、x_{ji}^{M}、x_{ji}^{U} 由式（5-7）得到。

步骤 4：计算实际情况的评价矩阵

计算实际情况的矩阵（$\tilde{T}_{r_A}$）。通过标准化决策矩阵的元素与理想情况矩阵的元素相乘的来得到：

$$
\begin{aligned}
\tilde{T}_{r_A} &= \begin{pmatrix} \tilde{t}_{r11} & \tilde{t}_{r12} & \cdots & \tilde{t}_{rn1} \\ \tilde{t}_{r21} & \tilde{t}_{r22} & \cdots & \tilde{t}_{rn2} \\ \vdots & \vdots & & \vdots \\ \tilde{t}_{rm1} & \tilde{t}_{rm2} & \cdots & \tilde{t}_{rmn} \end{pmatrix} \\[2mm]
&= \begin{pmatrix} \tilde{n}_{11} \otimes \tilde{t}_{p11} & \tilde{n}_{12} \otimes \tilde{t}_{p12} & \cdots & \tilde{n}_{n1} \otimes \tilde{t}_{pn1} \\ \tilde{n}_{21} \otimes \tilde{t}_{p21} & \tilde{n}_{22} \otimes \tilde{t}_{p22} & \cdots & \tilde{n}_{n2} \otimes \tilde{t}_{pn2} \\ \vdots & \vdots & & \vdots \\ \tilde{n}_{m1} \otimes \tilde{t}_{pm2} & \tilde{n}_{m2} \otimes \tilde{t}_{pm2} & \cdots & \tilde{n}_{nm} \otimes \tilde{t}_{pmn} \end{pmatrix}
\end{aligned} \tag{5-18}
$$

步骤 5：计算每个方案的实际评价矩阵与理想评价矩阵的差距

针对每种标准计算了各种方案的理论评估和实际评估之间的差距。用 $\tilde{T}_{P_A}$ 和 $\tilde{T}_{r_A}$ 的差值来获得总的差值矩阵 $\tilde{G}$。对于每个标准最好的评价结果是排名最好的备选方案应该有最小的差值。在获得差值之后，对其进行去模糊化获得清楚的差值。为了减少计算步骤并直接获得差值，利用模糊数之间的距离测量公式来进行计算：

$$g_{ji} = \sqrt{\frac{1}{3}[(t_{pjiL} - t_{rjiL})^2 + (t_{pjiM} - t_{rjiM})^2 + (t_{pjiU} - t_{rjiU})^2]} \qquad (5\text{-}19)$$

式中：g_{ji} 表示差值矩阵 $\tilde{G}$ 中的组成元素。

步骤 6：方案排序

将每个方案相对于每个标准的差距值相加，并使用等式获得标准函数的最终值，进而采用升序排列标准函数，最后对失效模式的风险进行排名：

$$G_j = \sum_{i=1}^{n} g_{ji} \qquad (5\text{-}20)$$

其中，$j = 1, 2, \cdots, m$。

5.3　实例研究

5.3.1　算例分析

本章将这种方法应用到 FPSO 装置火灾爆炸风险评估，FPSO 装置有许多工艺处理区域，每个区域由若干设备组成，这些设备失效很可能会导致油气泄漏甚至引发火灾爆炸，失效设备包括：分离器失效（FM_1）、手动阀门失效（FM_2）、发电设备失效（FM_3）、热交换器失效（FM_4）、法兰失效（FM_5）、工艺管路失效（FM_6）、压力容器失效（FM_7）、紧急关断法门失效（FM_8）。选取五名专业人员对 8 种潜在失效模式进行评估，设定五名专家的权重相同。采用三角模糊数定义模糊评价语言，评价等级及三角模糊数的定义见表 5-1。专家对各失效模式的语言评价结果见表 5-2。

表 5-1　模糊语言评级准则与模糊数

等级	O	S	D	TFN
VL	失效不太可能发生	失效对系统性能没有影响，人员可能观测不到	失效总是被检测到	$(1,1,2)$
L	失效极小概率发生	失效使系统性能轻微下降，可能对人员造成轻微干扰	失效被检测到的概率很高	$(1,2,3)$
ML	失效小概率发生	失效使系统性能下降，可能对人员造成较大干扰	失效被检测到的概率高	$(2,3.5,5)$
M	失效发生概率中等	失效导致系统性能下降，可能引起人员高度不满	失效被检测到的概率中等	$(3,5,7)$
MH	失效大概率会发生一次	失效导致系统性能大幅下降或失效，较小可能引起人员轻伤	失效被检测到的可能性小	$(5,6.5,8)$

等级	O	S	D	TFN
H	失效几乎肯定发生不止一次	失效导致系统性能显著恶化或导致人员轻伤	失效被检测到的可能性极小	(7,8,9)
VH	失效几乎肯定发生多次	失效严重影响完成任务能力或者造成人员重伤、死亡	失效无法被检测到	(8,9,9)

表 5-2　专家对失效模式的语言评价

评价		失效模式							
		FM_1	FM_2	FM_3	FM_4	FM_5	FM_6	FM_7	FM_8
发生度	TM_1	M	H	VH	M	M	MH	ML	ML
	TM_2	M	MH	MH	M	ML	H	L	M
	TM_3	MH	MH	VH	M	M	MH	ML	M
	TM_4	M	H	H	L	M	M	ML	ML
	TM_5	M	MH	VH	M	M	M	ML	M
严重度	TM_1	ML	H	MH	M	M	H	VH	VH
	TM_2	ML	MH	MH	M	MH	H	H	H
	TM_3	M	H	MH	M	M	H	H	H
	TM_4	ML	H	H	ML	MH	H	H	MH
	TM_5	M	H	MH	M	M	H	H	H
可探测度	TM_1	M	M	MH	VL	L	L	VL	ML
	TM_2	ML	M	M	ML	ML	M	VL	ML
	TM_3	ML	M	MH	ML	L	L	L	M
	TM_4	ML	ML	MH	VL	L	L	VL	ML
	TM_5	ML	M	M	VL	L	VL	VL	M

根据式（5-8）和式（5-9）得到初始决策矩阵的汇总并对模糊决策矩阵进行归一化处理以增加其可比性，见表 5-3 和表 5-4。

表 5-3　模糊矩阵汇总

失效模式	发生度 O	严重度 S	可探测度 D
FM_1	(3.4,5.3,7.2)	(2.4,4.1,5.8)	(2.2,3.8,5.4)
FM_2	(5.8,7.1,8.4)	(6.6,7.7,8.8)	(2.8,4.7,6.6)
FM_3	(7.2,8.3,8.8)	(5,6.5,8)	(4.2,5.9,7.6)
FM_4	(2.6,4.4,6.2)	(2.8,4.7,6.6)	(1.4,2,3.2)
FM_5	(2.8,4.7,6.6)	(3.8,5.6,7.4)	(1.2,2.3,3.4)
FM_6	(4.6,6.2,7.8)	(7,8,9)	(1.4,2.4,3.6)
FM_7	(1.8,3.2,4.6)	(7.2,8.2,9)	(1,1.2,2.2)

续表

失效模式	发生度 O	严重度 S	可探测度 D
FM_8	$(2.6,4.4,6.2)$	$(3.2,5,6.8)$	$(2.4,4.1,5.8)$

表 5-4　模糊矩阵归一化

失效模式	发生度 O	严重度 S	可探测度 D
FM_1	$(0.285,0.331,0.359)$	$(0.167,0.226,0.264)$	$(0.338,0.372,0.378)$
FM_2	$(0.419,0.443,0.485)$	$(0.401,0.425,0.458)$	$(0.430,0.460,0.462)$
FM_3	$(0.439,0.518,0.603)$	$(0.347,0.359,0.365)$	$(0.533,0.577,0.645)$
FM_4	$(0.218,0.275,0.309)$	$(0.194,0.260,0.300)$	$(0.215,0.196,0.224)$
FM_5	$(0.234,0.293,0.329)$	$(0.264,0.309,0.337)$	$(0.184,0.225,0.238)$
FM_6	$(0.385,0.387,0.389)$	$(0.410,0.442,0.486)$	$(0.215,0.235,0.252)$
FM_7	$(0.151,0.200,0.229)$	$(0.410,0.453,0.500)$	$(0.154,0.117,0.154)$
FM_8	$(0.218,0.275,0.309)$	$(0.222,0.276,0.310)$	$(0.368,0.401,0.406)$

通过式（5-10）至式（5-14）得到模糊熵权值进而获得模糊准则权重见表 5-5，已知 $m=8$，故 $P_{Aj}=1/8$，进而通过式（5-16）可以得到理想评价矩阵。通过式（5-17）和式（5-18）得到现实评价矩阵后，计算 g_{ji} 以及 $\tilde{T}_{P_A}$ 和 $\tilde{T}_{r_A}$ 的差值来获得总的差值矩阵 $\tilde{G}$，进而通过式（5-20）计算得到 G_j，通过升序的方法对失效模式进行排名。各失效模式风险大小排序为

$$FM_3 > FM_2 > FM_8 > FM_1 > FM_6 > FM_5 > FM_4 > FM_7$$

表 5-5　模糊熵权值和模糊准则权重

	发生度 O	严重度 S	可探测度 D
e_i	$(0.972,0.981,0.981)$	$(0.975,0.986,0.988)$	$(0.956,0.951,0.960)$
w_i	$(0.006\,6,0.006\,6,0.009\,8)$	$(0.004\,2,0.004\,8,0.008\,6)$	$(0.013\,7,0.016\,9,0.015\,1)$

5.3.2　结果对比分析

同时采用 TOPSIS 方法以及传统 FMEA 方法对 FPSO 装置火灾爆炸进行失效模式优先度排序，与本方法结果进行对比分析，如图 5-2 所示。由图中可以看出，三种方法的评估结果中，失效模式 FM_7 和 FM_4 均为低风险，FM_3 和 FM_2 均为高风险，而处于中等风险等级的 FM_1、FM_6、FM_8 排序结果不同，由传统 FMEA 方法得到 $FM_6 > FM_8 > FM_1$，TOPSIS 方法结果为 $FM_1 > FM_8 > FM_6$，而本章提出的改进 FMEA 方法结果为 $FM_8 > FM_1 > FM_6$。由此表明，三种评估方法得到的风险排序趋势具有总体一致性，验证了本章方法的合理性和可靠性，但对于不易分辨的中等风险失效模式具有一定的差异性，体现了改进 FMEA 方法具有一定的优势性。

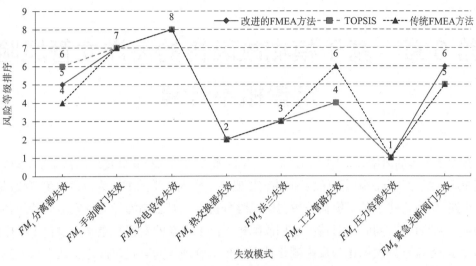

图 5-2　不同方法风险等级排序对比

三种方法用于决策的评价标准和基本原则相同,即判断 *RPN* 值最大或隶属度最大、非隶属度最小的失效模式,保证了评估结果的一致性。而传统 FMEA 方法在评估过程忽略的多种因素, TOPSIS 方法中作为参照标准的正负理想解,随着评估值的变化而变动。本章提出的改进 FMEA 方法考虑了风险因素的权重,引入了模糊理论处理语言评估中存在的不确定性,采用 MAIRCA 方法对 *O*、*S*、*D* 三个评估准则下的评价值进行运算处理,参考标准仅与失效模式的量级和权重向量有关,不随评估数值的变化而变动,具有较强的一致性和固定性,使风险因素的排序结果更加合理。同时,在失效模式和评价标准的数量显著增加时,不会发生计算量激增的情况。

5.3.3　研究结论

通过模糊 Shannon 熵和 MAIRCA 方法的结合提出了一种改进 FMEA 方法,并将其应用在 FMEA 方法中解决 FPSO 装置火灾爆炸风险评估问题。

(1)利用三角模糊数与 Shannon 熵相结合得出准则的模糊熵权重值,解决了难以获得需要分析标准的准确数据问题。

(2)将模糊熵权重值应用于 MAIRCA 方法中获得理想评价矩阵,通过对评价矩阵的归一化等处理获得实际评价矩阵,利用欧几里得距离来计算理论与实际评价矩阵之间的差距,进而得到 FMEA 故障模式的排序,通过实际应用和与 TOPSIS 方法及传统 FMEA 方法获得的结果对比发现评估结果具有可靠性。

(3)该评价方法在替代方案和评价标准的数量变化时,用于计算的数学公式始终保持不变,同时还具有处理大量替代方案和评价标准的能力。

本章部分图例

说明:为了方便读者直观地查看彩色图例,此处节选了书中的部分内容进行展示。页面左侧的页码,为您标注了对应内容在书中出现的位置。

第 6 章　基于模糊故障树的海洋立管风险定量概率计算

在大型工程的风险评估中,往往缺乏大量的事故数据资料支撑传统的概率统计理论,难以直接通过统计学方法确定事故发生的定量概率。模糊数学的方法为定量评价事故风险提供了思路,本章构建了基于模糊故障树的风险分析方法对影响海洋立管安全运营的各因素开展定量风险评估,同时针对传统模糊故障树方法中存在的专家权重确定过程中考虑的因素不完整、专家意见模糊化与反模糊化计算过程不合理等问题提出改进算法。该方法分为两个部分:①逐层识别影响海洋立管安全生产运营的风险因素,建立海洋立管故障树模型;②综合考虑专家主客观权重,计算故障树各事件的定量风险概率。

6.1　基于模糊故障树的风险分析方法流程

在工程实际中,由于某些事故发生次数较少或统计资料不完整,难以直接通过事故发生频率对故障树中的所有基本事件的发生概率作出定量评价。此时,在故障树理论中引入模糊理论,利用专家语义判断,可有效解决统计数据不足的问题,对各基本事件作出定量的失效概率评估。基于模糊故障树的风险分析方法流程如图 6-1 所示。

6.1.1　专家评判语义

专家在对基本事件概率作出估计时,给出的判断往往不是具体数值,而是模糊的语义判断,为此,将专家语义判断定义为七个等级,用梯形模糊数表示,见表 6-1。

表 6-1　风险等级及模糊数

风险等级	判断语义	模糊数
1	极低(VL)	$(0, 0.1, 0.1, 0.2)$
2	低(L)	$(0.1, 0.2, 0.2, 0.3)$
3	较低(ML)	$(0.2, 0.3, 0.4, 0.5)$
4	中等(M)	$(0.4, 0.5, 0.5, 0.6)$
5	较高(MH)	$(0.5, 0.6, 0.7, 0.8)$
6	高(H)	$(0.7, 0.8, 0.8, 0.9)$
7	极高(VH)	$(0.8, 0.9, 1, 1)$

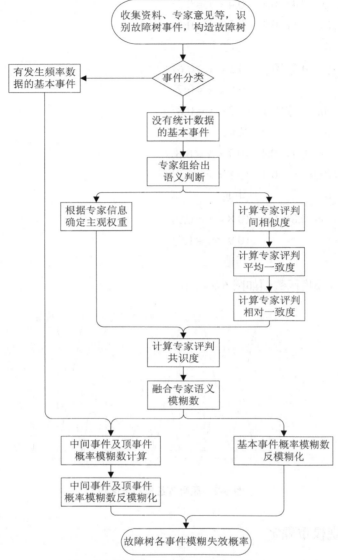

图 6-1　基于模糊故障树的风险分析方法

各风险等级隶属度函数为

$$f_1(x) = \begin{cases} 1 & (0 < x \leqslant 0.1) \\ (0.2 - x)/0.1 & (0.1 < x \leqslant 0.2) \\ 0 & \text{其他} \end{cases} \tag{6-1}$$

$$f_2(x) = \begin{cases} (x - 0.1)/0.1 & (0.1 < x \leqslant 0.2) \\ (0.3 - x)/0.1 & (0.2 < x \leqslant 0.3) \\ 0 & \text{其他} \end{cases} \tag{6-2}$$

$$f_3(x) = \begin{cases} (x - 0.2)/0.1 & (0.2 < x \leqslant 0.3) \\ 1 & (0.3 < x \leqslant 0.4) \\ (0.5 - x)/0.1 & (0.4 < x \leqslant 0.5) \\ 0 & \text{其他} \end{cases} \tag{6-3}$$

$$f_4(x) = \begin{cases} (x-0.4)/0.1 & (0.4 < x \le 0.5) \\ (0.6-x)/0.1 & (0.5 < x \le 0.6) \\ 0 & \text{其他} \end{cases} \tag{6-4}$$

$$f_5(x) = \begin{cases} (x-0.5)/0.1 & (0.5 < x \le 0.6) \\ 1 & (0.6 < x \le 0.7) \\ (0.8-x)/0.1 & (0.7 < x \le 0.8) \\ 0 & \text{其他} \end{cases} \tag{6-5}$$

$$f_6(x) = \begin{cases} (x-0.7)/0.1 & (0.7 < x \le 0.8) \\ (0.9-x)/0.1 & (0.8 < x \le 0.9) \\ 0 & \text{其他} \end{cases} \tag{6-6}$$

$$f_7(x) = \begin{cases} (x-0.8)/0.1 & (0.8 < x \le 0.9) \\ 1 & (0.9 < x \le 1.0) \\ 0 & \text{其他} \end{cases} \tag{6-7}$$

各风险等级隶属度函数图如图 6-2 所示。

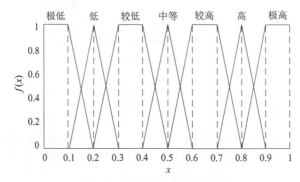

图 6-2　风险等级隶属度函数

6.1.2　专家主观权重确定

专家主观权重的确定考虑学历、职称、工龄、年龄四个因素,见表 2-1。考虑到不同因素对专家权重的影响程度不同,首先运用层次分析法计算不同因素间的相对重要程度;然后,根据四个因素计算各专家得分;最后,根据加权平均得分,计算专家的权重。

6.1.3　专家客观权重确定

由于参加评价的专家从事的工作性质存在不同,对于某个事件,可能存在部分专家的语义判断与其他专家有较大出入的情况。针对此种情况,引入专家客观权重的概念,通过计算不同专家间语义判断的一致度来对评价结果进行修正,具体步骤如下。

(1)假定专家 u 和 v 对某事件的语义判断转换成梯形模糊数分别为 $\widetilde{R}_u = (a_1, a_2, a_3, a_4)$ 和 $\widetilde{R}_v = (b_1, b_2, b_3, b_4)$,则两位专家的评语相似度

$$S(\widetilde{R}_u, \widetilde{R}_v) = 1 - 1/4 \sum_{i=1}^{4} |a_i - b_i| \tag{6-8}$$

式中：$S(\tilde{R}_u,\tilde{R}_v)$ 为专家评语相似度；a_i、b_i 分别为两位专家评语转换的梯形模糊数中的元素。

（2）分别计算各专家的平均一致度

$$AA(E_u)=\frac{1}{M-1}\sum_{u\neq v}^{M}S(\tilde{R}_u,\tilde{R}_v) \tag{6-9}$$

式中：$AA(E_u)$ 为专家 u 的平均一致度；M 为专家个数。

（3）分别计算各专家的相对一致度

$$RA(E_u)=\frac{AA(E_u)}{\sum_{u=1}^{M}AA(E_u)} \tag{6-10}$$

式中：$RA(E_u)$ 为专家 u 的相对一致度。

专家评判的相对一致度 $RA(E_u)$ 体现了专家 u 的语义评判与其他专家的吻合程度，当某位专家与其他专家意见吻合度越高时，其客观权重越高。针对每位专家对每个基本事件的评价，均可计算出评价的相对一致度 RA，并且当专家意见变动时，RA 也随之变动，这种动态性与工程实际情况是相符的。因此，可将 RA 作为融合专家意见时的客观权重。

6.1.4　专家语义评判融合

根据上节中的计算结果，综合考虑专家主观权重和客观权重，计算各专家的综合权重，又称共识度，表述式如下：

$$CC(E_u)=\beta\cdot\omega(E_u)+(1-\beta)\cdot RA(E_u) \tag{6-11}$$

式中：$CC(E_u)$ 为专家 u 的共识度，即综合权重；β 为一常数，表示主观权重和客观权重的相对重要度，实际工程中一般取 0.5；$\omega(E_u)$ 为专家 u 的主观权重。

运用各专家的综合权重融合专家意见，表述式如下：

$$\tilde{R}_{AG}=CC(E_1)\times\tilde{R}_1+CC(E_2)\times\tilde{R}_2+\cdots+CC(E_M)\times\tilde{R}_M \tag{6-12}$$

式中：$\tilde{R}_{AG}$ 为某事件融合全部专家意见后的梯形模糊数；$\tilde{R}_M$ 为专家 M 的评判语义转换的梯形模糊数。

6.1.5　语义评判反模糊化

对于融合了专家意见的梯形模糊数，需要进一步反模糊化为确切的失效概率。反模糊化有重心法、面积平分线法、左右模糊排序法等。对于本研究中采用的梯形模糊数，采用重心法实现反模糊化过程。

对于梯形模糊数 $\tilde{S}=(s_1,s_2,s_3,s_4)$，计算其模糊隶属度函数图像的重心。

$$X^*=\frac{\int\mu_{\tilde{S}}(x)\cdot x\mathrm{d}x}{\int\mu_{\tilde{S}}(x)\mathrm{d}x} \tag{6-13}$$

式中：X^* 为模糊数隶属度函数图像的重心横坐标；$\mu_{\tilde{S}}(x)$ 为隶属度函数值。

进一步，对式（6-13）进行推导，可得梯形模糊数 $\tilde{S}=(s_1,s_2,s_3,s_4)$ 反模糊化后的模糊可能性分数（Fuzzy Probability Score，FPS），表达式如下：

$$FPS = \frac{1}{3}\frac{(s_4+s_3)^2-s_4 s_3-(s_1+s_2)^2+s_1 s_2}{s_4+s_3-s_1-s_2}\qquad(6\text{-}14)$$

式中：$s_i(i=1,2,3,4)$为梯形模糊数的参数值。

将模糊可能性分数转换为模糊失效概率，即

$$K=-(FPS\times10-12)\times0.5\qquad(6\text{-}15)$$

$$FFP=\begin{cases}\dfrac{1}{10^K}&(FPS\neq0)\\0&(FPS=0)\end{cases}\qquad(6\text{-}16)$$

式中：FFP为模糊失效概率；K为中间参数。

6.2　海洋立管风险源辨识与故障树构建

根据国内外海洋立管的事故资料以及相关研究，分析南海某油气田海洋立管的风险，确定海洋立管失效的主要原因包括腐蚀、第三方破坏、设计缺陷、自然环境、施工运营不当等，构建海洋立管失效破坏故障树如图6-3所示。故障树中包含1个顶事件、9个中间事件、23个基本事件，事件编号及描述见表6-2。

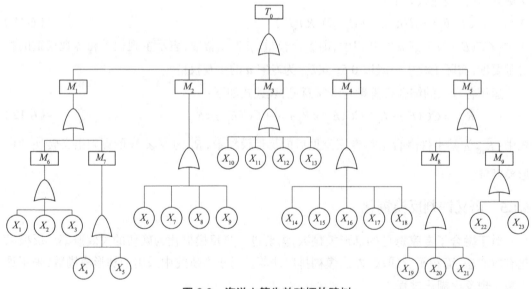

图6-3　海洋立管失效破坏故障树

表6-2　海洋立管失效破坏故障树事件

事件编号	事件描述	事件编号	事件描述
T_0	海洋立管失效破坏	X_8	外部爆炸或火灾
M_1	腐蚀破坏	X_9	人为因素

事件编号	事件描述	事件编号	事件描述
M_2	第三方破坏	X_{10}	选材不当
M_3	设计缺陷	X_{11}	安全系数选择不当
M_4	自然环境破坏	X_{12}	焊缝设计缺陷
M_5	施工运营不当	X_{13}	立管构型设计不合理
M_6	内腐蚀	X_{14}	海风影响
M_7	外腐蚀	X_{15}	波浪破坏
M_8	施工不当	X_{16}	海流破坏
M_9	运营不当	X_{17}	地震破坏
X_1	材料内含腐蚀性气体或杂质	X_{18}	海床运动
X_2	未添加缓蚀剂	X_{19}	立管安装方法不合理
X_3	未对立管进行定期维护	X_{20}	立管安装质量不达标
X_4	阴极保护缺陷	X_{21}	焊缝质量缺陷
X_5	防腐层缺陷	X_{22}	维护误操作
X_6	航运渔业活动	X_{23}	生产误操作
X_7	坠落物体		

6.3　海洋立管风险定量概率计算

为保证评价结果的可靠性,在选择专家组时,应尽量增加专家知识经验的覆盖面,如专家组应包含科研、设计、施工等工作领域的专家。邀请包括资深大学教授和工程师在内的 5 位专家进行风险评价,专家信息见表 6-3。

表 6-3　专家信息

专家编号	职称	学历	工龄	年龄
DM_1	教授	博士	18 年	45 岁
DM_2	高级工程师	硕士	22 年	50 岁
DM_3	中级工程师	学士	10 年	32 岁
DM_4	副教授	博士	15 年	42 岁
DM_5	高级工程师	硕士	21 年	46 岁

6.3.1　专家评价

发放调查问卷,邀请上述 5 位专家根据表 2-1 中的权重确定准则对表 6-2 中的 23 个基本事件进行评价,形成专家评价表(表 6-4)。

表 6-4 专家评价表

基本事件	专家编号					基本事件	专家编号				
	DM_1	DM_2	DM_3	DM_4	DM_5		DM_1	DM_2	DM_3	DM_4	DM_5
X_1	L	VL	M	ML	L	X_{13}	L	ML	M	M	MH
X_2	VL	VL	L	M	VL	X_{14}	H	VH	VH	L	M
X_3	M	ML	ML	M	MH	X_{15}	H	MH	H	VH	ML
X_4	MH	H	H	ML	M	X_{16}	H	M	MH	M	M
X_5	MH	H	MH	M	MH	X_{17}	VL	ML	L	M	ML
X_6	ML	L	L	ML	M	X_{18}	VL	L	L	ML	VL
X_7	M	MH	MH	ML	M	X_{19}	M	ML	ML	MH	M
X_8	H	MH	MH	VH	H	X_{20}	MH	H	VH	L	M
X_9	L	MH	M	M	ML	X_{21}	VH	H	M	H	H
X_{10}	L	VL	L	M	VL	X_{22}	VH	VH	MH	M	VH
X_{11}	M	ML	L	H	MH	X_{23}	VH	H	MH	MH	H
X_{12}	ML	VL	L	ML	M						

6.3.2　计算专家主观权重

首先,运用层次分析法,通过构造两两比较矩阵A_W确定影响专家权重的四个因素,即职称、学历、工龄、年龄四者间的相对重要程度。

$$A_W = \begin{pmatrix} 1 & 3 & 6 & 8 \\ 1/3 & 1 & 2 & 4 \\ 1/6 & 1/2 & 1 & 2 \\ 1/8 & 1/4 & 1/2 & 1 \end{pmatrix} \quad (6-17)$$

计算上式中两两比较矩阵的最大特征值λ_{max}及其对应的特征向量W,并归一化处理特征向量:

$$\lambda_{max} = 4.02$$
$$W = (0.605\,0, 0.222\,2, 0.111\,1, 0.061\,8)$$

通过式(1-14)、式(1-15)对判断矩阵进行一致性检验:

$$CI = \frac{\lambda_{max} - n}{n-1} = \frac{4.02-4}{4-1} = 0.01 \quad (6-18)$$

$$CR = \frac{CI}{RI} = \frac{0.01}{0.89} = 0.011 < 0.1 \quad (6-19)$$

式(6-18)和式(6-19)计算结果表明,判断矩阵通过一致性检验,则决定专家权重的四个因素的相对权重见表6-5。

表 6-5　影响因素权重

影响因素	权重	影响因素	权重
职称	0.581 7	工龄	0.120 5
学历	0.231 4	年龄	0.066 4

根据表 2-1 的专家权重确定准则、表 6-3 中的专家信息以及表 6-5 中的影响因素权重，计算得到专家的主观权重，见表 6-6。

表 6-6　专家主观权重

专家编号	得分项				加权得分	主观权重 ω
	职称	学历	工龄	年龄		
DM_1	5	5	3	4	4.692 6	0.219 1
DM_2	5	4	4	4	4.581 7	0.213 9
DM_3	4	3	3	2	3.515 3	0.164 1
DM_4	4	5	3	3	4.044 5	0.188 9
DM_5	5	4	4	4	4.581 7	0.213 9

6.3.3　计算专家客观权重

根据表 6-4 中各专家给出的评价，通过式（6-8）至式（6-10）分别计算各专家评判的相似度 S，均一致度 AA 以及相对一致度 RA，计算结果见表 6-7。

表 6-7　专家客观权重

基本事件	AA					RA				
	DM_1	DM_2	DM_3	DM_4	DM_5	DM_1	DM_2	DM_3	DM_4	DM_5
X_1	0.862 5	0.787 5	0.712 5	0.825 0	0.862 5	0.213 0	0.194 4	0.175 9	0.203 7	0.213 0
X_2	0.875 0	0.875 0	0.850 0	0.625 0	0.875 0	0.213 4	0.213 4	0.207 3	0.152 4	0.213 4
X_3	0.887 5	0.850 0	0.850 0	0.887 5	0.775 0	0.208 8	0.200 0	0.200 0	0.208 8	0.182 4
X_4	0.812 5	0.775 0	0.775 0	0.662 5	0.775 0	0.213 8	0.203 9	0.203 9	0.174 3	0.203 9
X_5	0.925 0	0.812 5	0.925 0	0.812 5	0.925 0	0.210 2	0.184 7	0.210 2	0.184 7	0.210 2
X_6	0.850 0	0.812 5	0.812 5	0.850 0	0.625 0	0.215 2	0.205 7	0.205 7	0.215 2	0.158 2
X_7	0.887 5	0.850 0	0.850 0	0.775 0	0.887 5	0.208 8	0.200 0	0.200 0	0.182 4	0.208 8
X_8	0.893 8	0.856 3	0.856 3	0.800 0	0.893 8	0.207 8	0.199 1	0.199 1	0.186 0	0.207 8
X_9	0.700 0	0.737 5	0.850 0	0.850 0	0.812 5	0.177 2	0.186 7	0.215 2	0.215 2	0.205 7
X_{10}	0.875 0	0.850 0	0.875 0	0.650 0	0.850 0	0.213 4	0.207 3	0.213 4	0.158 5	0.207 3
X_{11}	0.775 0	0.737 5	0.625 0	0.625 0	0.737 5	0.221 4	0.210 7	0.178 6	0.178 6	0.210 7
X_{12}	0.862 5	0.750 0	0.825 0	0.862 5	0.750 0	0.213 0	0.185 2	0.203 7	0.213 0	0.185 2

基本事件	AA					RA				
	DM_1	DM_2	DM_3	DM_4	DM_5	DM_1	DM_2	DM_3	DM_4	DM_5
X_{13}	0.700 0	0.812 5	0.850 0	0.850 0	0.737 5	0.177 2	0.205 7	0.215 2	0.215 2	0.186 7
X_{14}	0.712 5	0.681 3	0.681 3	0.412 5	0.637 5	0.228 0	0.218 0	0.218 0	0.132 0	0.204 0
X_{15}	0.818 8	0.781 3	0.818 8	0.725 0	0.556 3	0.221 3	0.211 1	0.221 3	0.195 9	0.150 3
X_{16}	0.737 5	0.887 5	0.850 0	0.887 5	0.887 5	0.173 5	0.208 8	0.200 0	0.208 8	0.208 8
X_{17}	0.750 0	0.862 5	0.825 0	0.750 0	0.862 5	0.185 2	0.213 0	0.203 7	0.185 2	0.213 0
X_{18}	0.887 5	0.912 5	0.912 5	0.800 0	0.887 5	0.201 7	0.207 4	0.207 4	0.181 8	0.201 7
X_{19}	0.887 5	0.850 0	0.850 0	0.775 0	0.887 5	0.208 8	0.200 0	0.200 0	0.182 4	0.208 8
X_{20}	0.743 8	0.706 3	0.612 5	0.481 3	0.706 3	0.228 8	0.217 3	0.188 5	0.148 1	0.217 3
X_{21}	0.837 5	0.931 3	0.818 8	0.931 3	0.931 3	0.188 2	0.209 3	0.184 0	0.209 3	0.209 3
X_{22}	0.825 0	0.825 0	0.756 3	0.643 8	0.825 0	0.212 9	0.212 9	0.195 2	0.166 1	0.212 9
X_{23}	0.800 0	0.893 8	0.856 3	0.856 3	0.893 8	0.186 0	0.207 8	0.199 1	0.199 1	0.207 8

6.3.4　专家评判语义融合

　　根据式(6-11)计算专家综合权重,即共识度CC,其中松弛因子β数值取 0.5,综合权重结果见表 6-8。

表 6-8　专家综合权重

基本事件	综合权重CC				
	DM_1	DM_2	DM_3	DM_4	DM_5
X_1	0.216 0	0.204 2	0.170 0	0.196 3	0.213 4
X_2	0.216 3	0.213 7	0.185 7	0.170 7	0.213 7
X_3	0.214 0	0.207 0	0.182 1	0.198 9	0.198 1
X_4	0.216 5	0.208 9	0.184 0	0.181 6	0.208 9
X_5	0.214 7	0.199 3	0.187 2	0.186 8	0.212 1
X_6	0.217 1	0.209 8	0.184 9	0.202 0	0.186 1
X_7	0.214 0	0.207 0	0.182 1	0.185 6	0.211 4
X_8	0.213 5	0.206 5	0.181 6	0.187 5	0.210 9
X_9	0.198 2	0.200 3	0.189 6	0.202 0	0.209 8
X_{10}	0.216 3	0.210 6	0.188 8	0.173 7	0.210 6
X_{11}	0.220 3	0.212 3	0.171 3	0.183 7	0.212 3
X_{12}	0.216 0	0.199 5	0.183 9	0.200 9	0.199 5
X_{13}	0.198 2	0.209 8	0.189 6	0.202 0	0.200 3
X_{14}	0.223 6	0.216 0	0.191 1	0.160 5	0.209 0
X_{15}	0.220 2	0.212 5	0.192 7	0.192 4	0.182 1

基本事件	综合权重 CC				
	DM_1	DM_2	DM_3	DM_4	DM_5
X_{16}	0.196 3	0.211 4	0.182 1	0.198 9	0.211 4
X_{17}	0.202 1	0.213 4	0.183 9	0.187 0	0.213 4
X_{18}	0.210 4	0.210 6	0.185 7	0.185 4	0.207 8
X_{19}	0.214 0	0.207 0	0.182 1	0.185 6	0.211 4
X_{20}	0.224 0	0.215 6	0.176 3	0.168 5	0.215 6
X_{21}	0.203 7	0.211 6	0.174 0	0.199 1	0.211 6
X_{22}	0.216 0	0.213 4	0.179 6	0.177 5	0.213 4
X_{23}	0.202 6	0.210 9	0.181 6	0.194 0	0.210 9

根据表 6-4 中专家的评价及表 6-8 中的专家综合权重,通过式(6-12)融合专家评判意见。利用式(6-14)至式(6-16)将融合后的专家意见进行反模糊化处理,得到各基本事件的模糊可能性分数 FPS 和模糊失效概率 FFP ,如表 6-9 和图 6-4 所示。计算结果表明,焊缝质量缺陷(X_{21})、维护误操作(X_{22})、生产误操作(X_{23})、外部爆炸或火灾(X_8)、波浪破坏(X_{15})、海风影响(X_{14})6 个基本事件的发生概率较高,在海洋立管生产运营中应着重关注,提前确定维护维修策略,以降低这些基本事件的发生可能性。

表 6-9　基本事件失效概率计算

基本事件	融合模糊数	FPS	FFP	概率重要度排序
X_1	(0.150 2,0.250 2,0.269 8,0.369 8)	0.260 0	$1.995\ 3 \times 10^{-5}$	20
X_2	(0.086 8,0.186 8,0.186 8,0.286 8)	0.186 8	$8.590\ 1 \times 10^{-6}$	22
X_3	(0.342 0,0.442 0,0.500 7,0.600 7)	0.471 4	$2.273\ 8 \times 10^{-4}$	13
X_4	(0.503 2,0.603 2,0.643 0,0.743 0)	0.623 1	$1.304\ 7 \times 10^{-3}$	8
X_5	(0.521 2,0.621 1,0.682 5,0.782 5)	0.651 8	$1.816\ 1 \times 10^{-3}$	7
X_6	(0.216 3,0.316 3,0.376 9,0.476 9)	0.346 6	$5.407\ 5 \times 10^{-5}$	17
X_7	(0.401 8,0.501 7,0.559 2,0.659 2)	0.530 5	$4.491\ 6 \times 10^{-4}$	11
X_8	(0.641 1,0.741 1,0.798 6,0.879 9)	0.764 2	$6.623\ 8 \times 10^{-3}$	4
X_9	(0.318 6,0.418 6,0.459 6,0.559 6)	0.439 1	$1.568\ 6 \times 10^{-4}$	15
X_{10}	(0.110 0,0.210 0,0.210 0,0.310 0)	0.210 0	$1.122\ 0 \times 10^{-5}$	21
X_{11}	(0.382 5,0.482 5,0.524 9,0.624 9)	0.503 7	$3.299\ 9 \times 10^{-4}$	12
X_{12}	(0.181 6,0.281 6,0.323 3,0.423 3)	0.302 5	$3.252\ 7 \times 10^{-5}$	18
X_{13}	(0.318 6,0.418 6,0.459 6,0.559 6)	0.439 1	$1.568\ 6 \times 10^{-4}$	16
X_{14}	(0.581 7,0.681 7,0.722 4,0.781 7)	0.689 6	$2.806\ 4 \times 10^{-3}$	6
X_{15}	(0.585 6,0.685 6,0.744 3,0.825 1)	0.709 2	$3.514\ 8 \times 10^{-3}$	5
X_{16}	(0.477 1,0.577 1,0.595 3,0.695 3)	0.586 2	$8.531\ 0 \times 10^{-4}$	10

续表

基本事件	融合模糊数	FPS	FFP	概率重要度排序
X_{17}	（0.178 6,0.278 6,0.321 3,0.421 3）	0.300 0	$3.160\ 5\times10^{-5}$	19
X_{18}	（0.076 7,0.176 7,0.195 2,0.295 2）	0.186 0	$8.506\ 5\times10^{-6}$	23
X_{19}	（0.340 7,0.440 7,0.498 2,0.598 2）	0.469 5	$2.224\ 6\times10^{-4}$	14
X_{20}	（0.507 0,0.607 0,0.647 0,0.729 4）	0.621 6	$1.282\ 0\times10^{-3}$	9
X_{21}	（0.685 5,0.785 5,0.823 3,0.902 9）	0.798 1	$9.784\ 0\times10^{-3}$	1
X_{22}	（0.675 1,0.775 1,0.857 3,0.893 0）	0.797 7	$9.738\ 9\times10^{-3}$	2
X_{23}	（0.645 1,0.745 1,0.802 9,0.882 6）	0.767 9	$6.910\ 0\times10^{-3}$	3

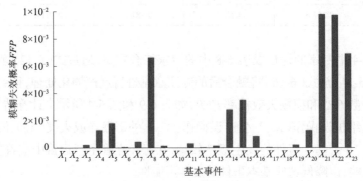

图 6-4　基本事件概率柱状图

6.4　结果分析

本章针对海洋立管失效风险定量计算提出了基于模糊故障树的风险发生概率计算方法。首先,建立海洋立管失效故障树模型,识别 9 个中间事件和 23 个基本事件;然后,基于模糊理论运用梯形模糊数表达专家语义,考虑专家的职称、工龄等因素以确定专家的主观权重,考虑各专家评判的语义一致度以确定专家的客观权重,综合考虑专家的主客观权重融合专家意见;最后,将专家意见反模糊化,计算故障树各事件的发生概率,可以得到下述结论。

（1）焊缝质量缺陷、维护误操作、生产误操作、外部爆炸或火灾、波浪破坏、海风影响是导致海洋立管事故发生概率最高的 6 个基本事件。在海洋立管的施工、运营及维护过程中,应加强对这些风险源的管控,以降低其发生概率。

（2）融合专家意见时,考虑专家的主观权重和客观权重,以更全面客观地反映专家组意见,使评价结果更加合理。

（3）在对融合意见形成的模糊数进行反模糊化时,应考虑模糊化过程与反模糊化过程中计算过程的一致性和匹配性,以保证计算结果的准确。

（4）运用基于模糊故障树的风险概率定量计算方法对海洋立管风险因素进行概率计算,可为后续安全管理提供数据支持。

第7章 基于故障树和贝叶斯网络的海底管道风险分析

随着时间和海洋环境的变化在海底管道实际运行过程中,各节点存在着多种状态,本章研究中将状态分为三种:正常状态,即该节点能够完成预先设置的任务和功能,呈现正常工作状态;轻微失效状态,即该节点随着疲劳、腐蚀、老化、外界干扰等导致自身或系统工作能力和性能的退化,以致工作效率下降,但依然能够完成相应功能的状态,在此状态时一般需要检查、不停工维修使节点恢复到正常状态;严重失效状态,即该节点失效等级超出阈值,不能完成自身功能或对系统整体造成严重影响,在此状态时一般需要停工排查重要风险源并进行相应维修。因此,为了分析海底管道多态系统的可靠性问题,需要构建多态贝叶斯网络进行分析。

本章采用基于区间二元语义的群聚合方法结合故障树对海底管道的风险进行分析。首先,采用数据库统计失效原因,构建故障树;其次进行专家评价,借助基于区间二元语义的群聚合方法转化为基本事件的年失效率;之后,采用故障树转化方法构建多态贝叶斯网络,通过条件概率表描述事件间的不确定性逻辑关系;最后,构建海底管道的多态贝叶斯网络进行向前向后推理,得到相应的可靠性指标(系统各状态概率、根节点重要度分析、主要因素重要度分析)。

7.1 基于数据库的失效原因分析

本章在调研英国 PARLOC 数据库、EGIG 数据库、API 数据库、IOGP 数据库的基础上,通过统计海底管道事故类型和事故原因,识别潜在的失效源,为构建故障树奠定基础。

1. 英国 PARLOC 数据库

截至 2000 年,该数据库调查 1 567 条北海区域海底管道(包括钢制管道和柔性管道)的相关信息,统计 542 起管道事故,如图 7-1 所示。该事故分析数据可用于评估影响事故发生频率的因素,主要影响因素包括管道事故原因、受影响管道的位置(立管、安全区和中线)、管道直径、管道长度和管道内容物等,其中管道事故原因和受影响管道的位置最为重要。

2.EGIG 数据库

该数据库分析 1970—2016 年发生的 1 366 起管道事故,记录了欧洲天然气输送管道系统的一般信息(包括管道直径、压力、建造年份、涂层类型、覆盖深度、材料级别和壁厚等),管道泄漏尺寸(针孔、裂缝、孔、破裂)、事故的初始原因(外部干扰、腐蚀、建造或材料缺陷、失误导致的热搭接、地壳运动和其他原因)、是否着火、事故后果、检测方式和额外信息等。

图 7-2 为 2007—2016 年事故失效原因分布。可以看出腐蚀和外部干扰的发生频率大致相同。

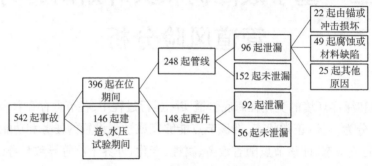

图 7-1　PARLOC 数据库事故统计

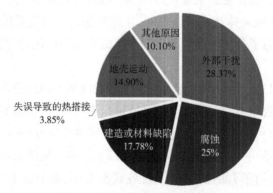

图 7-2　EGIG 数据库事故类型统计

3.API 数据库

该数据库对 2015—2019 年的管道事故按照对人员环境影响的指标(事故总数、与管道自身相关的数目、与运营维护相关的数目等)、事故位置(运营范围内外、高后果区内外等)、事故规模、事故涉及的商品(原油、精炼油、天然气液体等)、事故原因等进行了统计数据分析,其中事故原因包括设备失效、腐蚀、不当操作、材料和焊接缺陷、自然因素、挖掘事故、外部干扰和其他事故原因。由统计数据可以得出,设备失效和腐蚀是海底管道失效最常见的原因,挖掘事故平均规模最大,而设备失效事故平均规模较小。

4.IOGP 数据库

该数据库对海底管道(包括离岸和陆上)的不同管段分别进行了事故原因统计,其中共有事故原因包括落物和物体冲击、不当操作、地壳运动(滑坡或地震)、腐蚀、屈曲、建造缺陷、结构损伤、疲劳等。离岸事故特有原因包括拖网载荷、船锚或沉船、海底滑坡和疲劳造成的悬跨等,陆上事故特有原因包括外界干扰(挖掘)、失误造成热搭接、河水泛滥、故意损坏、地面活动(采矿)和冰冲刷等。除此之外,还对事故原因进行了统计分析。其中 2004—2013 年事故原因和泄漏尺寸如图 7-3 所示。

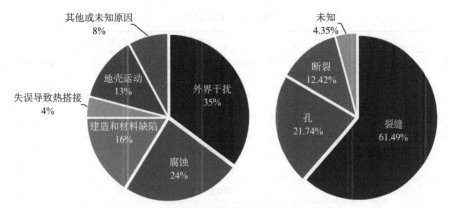

图 7-3 IOGP 数据库事故原因和泄漏尺寸统计

基于上述数据库的统计分析,发现海底管道主要失效因素包括腐蚀、管道自身缺陷、自然因素、人员误操作和第三方损坏。其中腐蚀包括内腐蚀和外腐蚀;管道自身缺陷包括材料缺陷、焊缝缺陷和机械损伤;自然因素包括台风、地震和海底运动;人员误操作包括人员素质不高和管理监督不到位;第三方损坏包括人为钻井盗油、海上施工、锚定工作、拖网渔具影响和海上落物。

7.2 故障树构建

本章对南海某海底管道进行风险分析,按照故障树分析步骤和失效事件的因果关系,将海底管道发生失效作为顶事件 T,将其中简单的逻辑关系(与、或)采用与门、或门连接;将其中涉及时间顺序和备件参与的事件,采用动态逻辑门连接。构建海底管道故障树,如图 7-4 所示,事件对应关系见表 7-1,共识别出 30 个基本事件,14 个中间事件。

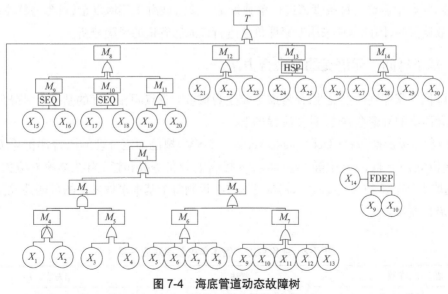

图 7-4 海底管道动态故障树

SEQ—顺序强制门;FDEP—功能相关门;HSP—冷备件门

表 7-1　事件符号

符号	事件	符号	事件	符号	事件
T	海底管道发生失效	X_1	处理设备监控系统失效	X_{16}	材料结构缺陷
M_1	腐蚀	X_2	腐蚀介质处理不彻底	X_{17}	焊缝设计缺陷
M_2	内腐蚀	X_3	未添加缓蚀剂	X_{18}	焊缝施工缺陷
M_3	外腐蚀	X_4	未定期清管	X_{19}	刮痕
M_4	输送介质腐蚀	X_5	防腐涂层脱落	X_{20}	压坑
M_5	防腐措施失效	X_6	防腐涂层变薄	X_{21}	台风
M_6	防腐涂层失效	X_7	防腐涂层老化	X_{22}	地震
M_7	阴极保护失效	X_8	未进行防腐层保护	X_{23}	海底运动
M_8	管道自身缺陷	X_9	阳极铸造不达标	X_{24}	人员素质不高
M_9	材料缺陷	X_{10}	阳极安装不到位	X_{25}	管理监督不到位
M_{10}	焊缝缺陷	X_{11}	未及时更换阳极块	X_{26}	人为因素
M_{11}	机械损伤	X_{12}	存在电流干扰	X_{27}	海上施工
M_{12}	自然因素	X_{13}	存在其他金属埋设物干扰	X_{28}	锚定工作
M_{13}	人员误操作	X_{14}	阴极保护系统设计不合理	X_{29}	拖网渔具影响
M_{14}	第三方损坏	X_{15}	材料设计缺陷	X_{30}	海上落物

7.3　专家观点聚合

在数据库中均不含管道损坏但未破坏和未记录的事故,部分未考虑各管道不同的使用年限、物理特性、几何特征和相关功能等自身属性以及防腐、布线和配件等相关信息,因此在工程实际问题中需要对每条管道进行单独评估。该海域海洋环境复杂,可参考样本较少导致统计数据欠缺,因此本章采用专家评价法进行该海底管道的风险分析。

7.3.1　基于区间二元语义的群聚合方法

为降低专家评判的主观性,在考虑专家主观权重与观点间相似度的基础上,提出了基于区间二元语义的群聚合方法,具体流程如下。

(1)参考挪威船级社(Det Norske Veritas,DNV)规范确定合理的语言评价等级集合:$S = \{s_0=$极低, $s_1=$低, $s_2=$中等, $s_3=$高, $s_4=$极高$\}$,评价等级和管道年失效率对应关系见表7-2。选取 l 个专家 $\lambda_k(k=1,2,\cdots,l)$参考表7-2评判每个基本事件发生的可能性,汇总专家评判的语言变量。

表 7-2　评价等级和管道年失效率对应关系

语言评价等级	描述	年失效率/次
极低	发生频率很低,可以被忽略	$<10^{-5}$

续表

语言评价等级	描述	年失效率/次
低	很少发生	$<10^{-4}$ 且 $>10^{-5}$
中等	单个事件预期不会发生,但进行大量管道总结时,每年会发生一次	$<10^{-3}$ 且 $>10^{-4}$
高	事件可能会在管道的生命周期内单独发生	$<10^{-2}$ 且 $>10^{-3}$
极高	事件可能会在管道的生命周期内多次单独发生	$>10^{-2}$

（2）将上述汇总的语言变量,按照下面规则转化为区间二元语义:①单语言评价等级,表示专家确定某事件发生的可能性在某一个评价等级上。如中等,可以表示为 $[(s_2,0),(s_2,0)]$;②区间语言评价等级,表示专家对某事件发生的可能性在2个评价等级中犹豫。如中等-高,可以表示为 $[(s_2,0),(s_3,0)]$;③不确定语言评价等级,表示专家对某事件发生的可能性不了解或不确定评价等级。用符号"—"表示不确定语言评价等级,区间二元语义表示为 $[(s_0,0),(s_4,0)]$。语言变量与区间二元语义对应关系见表7-3。

表 7-3　语言变量与区间二元语义对应关系

语言变量	区间二元语义	语言变量	区间二元语义
极低	$[(0,0),(0,0)]$	极低-低	$[(0,0),(1/4,0)]$
低	$[(1/4,0),(1/4,0)]$	低-中等	$[(1/4,0),(1/2,0)]$
中等	$[(1/2,0),(1/2,0)]$	中等-高	$[(1/2,0),(3/4,0)]$
高	$[(3/4,0),(3/4,0)]$	高-极高	$[(3/4,0),(1,0)]$
极高	$[(1,0),(1,0)]$	—	$[(0,0),(1,0)]$

经由上述规则可以得到每位专家对每个基本事件用区间二元语义表示的评判观点:$r_i^k=[(s^k,0),(t^k,0)](i=1,2,\cdots,m;k=1,2,\cdots,l)$。

（3）确定专家的主观权重。参照表2-1,以专家职称、工龄、学历、年龄为准则评价专家,得出每位专家最终得分为 $G_k(k=1,2,\cdots,l)$,则每位专家的主观权重由式（2-3）得出。

（4）考虑专家评判观点间相似程度,将多位专家的观点聚合为综合性的群体观点。具体步骤如下。

① 求专家观点间的相似度;对基本事件 E_i,专家 u 与专家 v 评判观点分别为:$E_i^u=[(s^u,0),(t^u,0)]$、$E_i^v=[(s^v,0),(t^v,0)]$,则专家 u、v 观点间的相似度为

$$S(E_i^u,E_i^v)=1-d(E_i^u,E_i^v) \tag{7-1}$$

式中:$d(E_i^u,E_i^v)$ 为2种评价观点之间的欧几里得距离;$S(E_i^u,E_i^v)\in[0,1]$,$S(E_i^u,E_i^v)$ 的值越大表明专家 u、v 的观点间的相似程度越大,$S(E_i^u,E_i^v)=1$ 时,表明专家 u、v 的观点相同。

② 求专家观点的平均一致度:

$$A(E_i^u)=\frac{1}{l-1}\sum_{\substack{u\neq v\\v=1}}^{l}S(E_i^u,E_i^v) \tag{7-2}$$

式中:$A(E_i^u)$为专家 u 与其他专家评价观点对基本事件 E_i 的平均一致度。

③ 求专家观点的相对一致度:

$$R\left(E_i^u\right) = \frac{A\left(E_i^u\right)}{\sum_{k=1}^{l} A\left(E_i^k\right)} \tag{7-3}$$

式中:$R(E_i^u)$ 为专家 u 与其他专家评价观点对基本事件 E_i 的相对一致度。

④ 求专家观点的共识度:

$$C\left(E_i^u\right) = \beta \cdot \omega_k + (1-\beta) \cdot R\left(E_i^u\right) \tag{7-4}$$

式中:β 为调节系数($0 \leqslant \beta \leqslant 1$),调节专家主观权重 ω_k 与专家观点相对一致度 $R(E_i^u)$ 的相对重要程度。当 $\beta = 0$ 时,忽略专家主观权重的影响,可以看成每位专家具有相同的权重;当 $\beta = 1$ 时,则忽略专家观点相对一致度,可以看成只考虑专家的主观权重。

⑤ 求专家观点聚合:

$$E_i = \sum_{k=1}^{l} C\left(E_i^k\right) \cdot E_i^k \quad (k = 1,2,\cdots,l) \tag{7-5}$$

(5)将区间二元组表示为区间值 $E_i = [\beta_1^i, \beta_2^i]$,则基本事件 E_i 发生可能性

$$F_i = (\beta_1^i + \beta_2^i)/2 \tag{7-6}$$

(6)将可能性转化为年失效率。根据表 7-2,将求出的可能性转换成直观的年失效率。传统的 Onisawa 公式虽然能将可能性分数转化为年失效率,并在许多研究中得到了广泛的应用。然而,多数研究者在该公式的应用过程中缺乏考虑行业领域的不同特点,即概率等级划分标准的差异,忽略了模糊化与反模糊化过程映射关系的一致性,从而导致了不合理的概率计算结果。因此,本研究提出了以下改进公式用于解决上述问题:

$$P_i = 1/10^K \tag{7-7a}$$

$$K = \begin{cases} -8 \times F_i + 6 & (0 \leqslant F_i < 0.125) \\ (-8 \times F_i + 11) \times 0.5 & (0.125 \leqslant F_i < 0.875) \\ -16 \times F_i + 16 & (0.875 \leqslant F_i \leqslant 1) \end{cases} \tag{7-7b}$$

式中:P_i 为基本事件 E_i 的年失效率。

7.3.2 聚合方法应用过程

7.3.2.1 确定专家主观权重

邀请 5 位海洋工程领域的权威专家成立风险分析小组,对故障树中各基本事件的发生可能性进行评价,汇总评价信息见表 7-4。按表 2-1 确定专家的主观权重,结果见表 7-5。

表 7-4 基本事件专家评价

序号	基本事件	专家1	专家2	专家3	专家4	专家5
X_1	处理设备监控系统失效	高	高-极高	中等-高	高	高
X_2	腐蚀介质处理不彻底	中等	中等-高	中等	高	高

续表

序号	基本事件	专家 1	专家 2	专家 3	专家 4	专家 5
X_3	未添加缓蚀剂	中等	高	中等	中等	低-中等
X_4	未定期清管	高	中等	中等-高	高	中等
X_5	涂层种类不合理	高-极高	低-中等	高	中等	低-中等
X_6	涂层质量不达标	高	中等	中等	中等-高	高
X_7	涂层施工不合格	中等	中等	中等-高	高	中等
X_8	未进行防腐层保护	高	中等-高	高	中等-高	中等-高
X_9	阳极铸造不达标	—	低-中等	低-中等	中等	中等
X_{10}	阳极安装不到位	中等-高	中等	中等	中等-高	中等-高
X_{11}	未及时更换阳极块	高	中等-高	高	低	中等-高
X_{12}	存在电流干扰	低	极低-低	低-中等	中等	中等
X_{13}	存在其他金属埋设物干扰	中等-高	中等	中等-高	中等-高	高
X_{14}	阴极保护系统设计不合理	低	中等	低-中等	低-中等	中等
X_{15}	材料设计缺陷	中等	中等	高	中等-高	高
X_{16}	材料结构缺陷	高	中等-高	低-中等	低	低-中等
X_{17}	焊缝设计缺陷	中等	中等	高	中等-高	高
X_{18}	焊缝施工缺陷	低	低-中等	中等	低	低-中等
X_{19}	刮痕	低-中等	中等	高	高	低-中等
X_{20}	压坑	中等	高	低	中等	高
X_{21}	台风	中等-高	中等	中等	高	中等-高
X_{22}	地震	低	低-中等	低-中等	低	低-中等
X_{23}	海底运动	中等	高	中等-高	中等-高	高-极高
X_{24}	人员素质不高	高	高	中等	高	中等-高
X_{25}	管理监督不到位	高	高-极高	高	高	高
X_{26}	人为因素	中等	中等	低-中等	中等-高	中等
X_{27}	海上施工	中等-高	中等	中等-高	中等-高	高
X_{28}	锚定工作	中等	中等-高	极高	中等	中等
X_{29}	拖网渔具影响	高	中等-高	中等-高	高	中等-高
X_{30}	海上落物	中等-高	高	中等	中等-高	中等

表 7-5　专家主观权重

专家	职称	工龄	学历	年龄	得分	权重
1	教授	31 年	博士	54 岁	19	0.218 4
2	副教授	20 年	博士	49 岁	16	0.183 9
3	教授	28 年	博士	55 岁	18	0.206 9
4	教授级高级工程师	32 年	硕士	53 岁	18	0.206 9
5	高级工程师	27 年	硕士	50 岁	16	0.183 9

7.3.2.2　确定平均一致度

本章考虑专家观点之间的相似程度聚合专家观点，为便于说明，以基本事件 X_1 为例，具体评价信息下见表 7-6。

表 7-6　基本事件 X_1 专家评价

专家	语言变量	区间二元语义
1	高	$[(3/4,0),(3/4,0)]$
2	高-极高	$[(3/4,0),(1,0)]$
3	中等-高	$[(1/2,0),(3/4,0)]$
4	高	$[(3/4,0),(3/4,0)]$
5	高	$[(3/4,0),(3/4,0)]$

求出专家观点相似度，以专家 1 和专家 2 观点的相似度为例：

$$S\left(E_1^1,E_1^2\right)=1-\Delta\sqrt{\left\{\left[\Delta^{-1}(3/4,0)-\Delta^{-1}(3/4,0)\right]^2+\left[\Delta^{-1}(3/4,0)-\Delta^{-1}(1,0)\right]^2\right\}/2}\approx0.823\,2$$

求出各专家观点的平均一致，以专家 1 为例：

$$A\left(E_1^1\right)=(0.823\,2+0.823\,2+1.000\,0+1.000\,0)/4\approx0.911\,6$$

求出各专家观点的相对一致度，以专家 1 为例：

$$R\left(E_1^1\right)=0.911\,6/(0.911\,6+0.849\,1+0.804\,9+0.911\,6+0.911\,6)=0.209\,8$$

同理可得五位专家对所有基本事件的相对一致度，见表 7-7。

表 7-7　专家相对一致度

序号	专家 1	专家 2	专家 3	专家 4	专家 5
X_1	0.209 8	0.185 3	0.185 3	0.209 8	0.209 8
X_2	0.200 4	0.198 5	0.200 4	0.200 4	0.200 4
X_3	0.214 6	0.171 5	0.214 6	0.214 6	0.184 7
X_4	0.200 4	0.200 4	0.198 5	0.200 4	0.200 4
X_5	0.172 6	0.208 1	0.197 8	0.213 3	0.208 1
X_6	0.200 4	0.200 4	0.200 4	0.198 5	0.200 4
X_7	0.209 1	0.209 1	0.192 7	0.179 9	0.209 1
X_8	0.194 1	0.204 0	0.194 1	0.204 0	0.204 0
X_9	0.147 2	0.216 7	0.216 7	0.209 7	0.209 7
X_{10}	0.204 0	0.194 1	0.194 1	0.204 0	0.204 0
X_{11}	0.209 7	0.216 7	0.209 7	0.147 2	0.216 7
X_{12}	0.202 9	0.179 5	0.207 7	0.205 0	0.205 0
X_{13}	0.209 8	0.185 3	0.209 8	0.209 8	0.185 3
X_{14}	0.186 4	0.201 2	0.205 6	0.205 6	0.201 2

序号	专家1	专家2	专家3	专家4	专家5
X_{15}	0.200 4	0.200 4	0.200 4	0.198 5	0.200 4
X_{16}	0.173 9	0.201 0	0.218 2	0.188 9	0.218 2
X_{17}	0.200 4	0.200 4	0.200 4	0.198 5	0.200 4
X_{18}	0.201 2	0.205 6	0.186 4	0.201 2	0.205 6
X_{19}	0.200 4	0.208 0	0.195 6	0.195 6	0.200 4
X_{20}	0.216 7	0.200 0	0.166 7	0.216 7	0.200 0
X_{21}	0.205 6	0.201 2	0.201 2	0.186 4	0.205 6
X_{22}	0.194 1	0.204 0	0.204 0	0.194 1	0.204 0
X_{23}	0.188 3	0.202 0	0.213 1	0.213 1	0.183 7
X_{24}	0.209 1	0.209 1	0.179 9	0.209 1	0.192 7
X_{25}	0.205 7	0.177 2	0.205 7	0.205 7	0.205 7
X_{26}	0.209 8	0.209 8	0.185 3	0.185 3	0.209 8
X_{27}	0.205 6	0.201 2	0.201 2	0.205 6	0.186 4
X_{28}	0.219 4	0.202 9	0.138 9	0.219 4	0.219 4
X_{29}	0.194 1	0.204 0	0.204 0	0.194 1	0.204 0
X_{30}	0.205 6	0.186 4	0.201 2	0.205 6	0.201 2

7.3.2.3　确定基本事件年失效率

选取调节系数 $\beta = 0.5$ 即专家主观权重与专家观点间的相对一致度具有相同的重要度。求出各专家的共识度，以专家 1 为例：

$$C\left(E_1^1\right) = 0.5 \times 0.218\ 4 + 0.5 \times 0.209\ 8 = 0.214\ 1$$

综合 5 位专家对基本事件 X_1 的评判：

$$E_1 = 0.214\ 1 \times \left[(3/4,0),(3/4,0)\right] + 0.184\ 6 \times \left[(3/4,0),(1,0)\right] +$$
$$0.196\ 1 \times \left[(1/2,0),(3/4,0)\right] + 0.208\ 4 \times \left[(3/4,0),(3/4,0)\right] +$$
$$0.196\ 9 \times \left[(3/4,0),(3/4,0)\right]$$
$$= \left[(0.701\ 0,0),(0.796\ 1,0)\right]$$

得出基本事件 X_1 的发生可能性，年失效率：

$$F_i = (0.701\ 0 + 0.796\ 1)/2 = 0.748\ 6$$
$$K = (-8 \times 0.748\ 6 + 11) \times 0.5 = 2.505\ 7$$
$$P_i = 1/10^{2.505\ 7} = 0.003\ 12$$

以此步骤，求出所有基本事件的年失效率，见表 7-8。

表7-8　基本事件年失效率

序号	年失效率	序号	年失效率	序号	年失效率
X_1	0.003 12	X_{11}	0.000 88	X_{21}	0.000 79
X_2	0.000 98	X_{12}	0.000 08	X_{22}	0.000 06
X_3	0.000 39	X_{13}	0.001 00	X_{23}	0.001 51
X_4	0.001 03	X_{14}	0.000 12	X_{24}	0.001 63
X_5	0.000 63	X_{15}	0.000 99	X_{25}	0.003 89
X_6	0.001 01	X_{16}	0.000 24	X_{26}	0.000 32
X_7	0.000 62	X_{17}	0.000 99	X_{27}	0.000 78
X_8	0.001 60	X_{18}	0.000 08	X_{28}	0.000 88
X_9	0.000 20	X_{19}	0.000 50	X_{29}	0.001 60
X_{10}	0.000 64	X_{20}	0.000 50	X_{30}	0.000 78

7.4　贝叶斯网络构建

首先要将故障树中的状态划分为三个,即正常状态、轻微失效状态和严重失效状态,分别用数字"0""1""2"表示。

7.4.1　贝叶斯根节点先验概率

在上一节已经求出各基本事件的年失效率,经由下式(指数分布函数)可以得到任意时刻的失效概率

$$P_{\text{fail}} = 1 - \text{e}^{-\lambda t} \tag{7-8}$$

式中:λ为指数分布的率参数,$\lambda > 0$。

本研究中根据工程中设备的运行周期,将设备的运行周期取为20年,得到各基本事件20年后的失效概率,见表7-9。

表 7-9　各基本事件 20 年后的失效概率

序号	基本事件	失效概率	序号	基本事件	失效概率
X_1	处理设备监控系统失效	0.060 5	X_{16}	材料结构缺陷	0.004 8
X_2	腐蚀介质处理不彻底	0.019 4	X_{17}	焊缝设计缺陷	0.019 6
X_3	未添加缓蚀剂	0.007 8	X_{18}	焊缝施工缺陷	0.001 6
X_4	未定期清管	0.020 4	X_{19}	刮痕	0.010 0
X_5	防腐涂层脱落	0.012 5	X_{20}	压坑	0.010 0
X_6	防腐涂层变薄	0.020 0	X_{21}	台风	0.015 7
X_7	防腐涂层老化	0.012 3	X_{22}	地震	0.001 2
X_8	未进行防腐层保护	0.031 5	X_{23}	海底运动	0.029 7

序号	基本事件	失效概率	序号	基本事件	失效概率
X_9	阳极铸造不达标	0.004 0	X_{24}	人员素质不高	0.032 1
X_{10}	阳极安装不到位	0.012 7	X_{25}	管理监督不到位	0.074 9
X_{11}	未及时更换阳极块	0.017 4	X_{26}	人为因素	0.006 4
X_{12}	存在电流干扰	0.001 6	X_{27}	海上施工	0.015 5
X_{13}	存在其他金属埋设物干扰	0.019 8	X_{28}	锚定工作	0.017 4
X_{14}	阴极保护系统设计不合理	0.002 4	X_{29}	拖网渔具影响	0.031 5
X_{15}	材料设计缺陷	0.019 6	X_{30}	海上落物	0.015 5

由于在故障树中基本事件 X_5 防腐涂层脱落、X_6 防腐涂层变薄、X_7 防腐涂层老化表示防腐涂层不同状态,因此合并为一个节点 X_{31} 防腐涂层失效,其总失效概率(包括轻微失效和严重失效)为三事件概率之和,即

$$P(X_{31}) = P(X_5) + P(X_6) + P(X_7) = 0.044\ 8$$

本章采用基于 t 范数的群聚合方法求解根节点的先验概率,具体步骤如下。

步骤 1:确定评价等级

本章采用严重失效在总失效中所占比例进行划分,比例分为五个等级,模糊数对应关系见表 7-10。

表 7-10　评价等级和模糊数对应关系

序号	等级	模糊数
1	极低	$(0,0,0.25)$
2	低	$(0,0.25,0.5)$
3	中等	$(0.25,0.5,0.75)$
4	高	$(0.5,0.75,1)$
5	极高	$(0.75,1,1)$

步骤 2:求解根节点先验概率

选取 5 位专家对各基本事件的划分比例进行评价,得到专家语言变量汇总表,见表 7-11。

表 7-11　关系专家语言变量汇总

序号	专家 1	专家 2	专家 3	专家 4	专家 5
X_1	极低-低	0.4 低-0.6 中等	低-中等	低	低
X_2	低	0.4 低-0.6 中等	0.4低-0.6中等	极低	低
X_3	中等	中等	中等-高	低-中等	0.8中等-0.2高
X_4	低	低-中等	低	低	低
X_{31}	中等	高	中等	高	中等-高

序号	专家1	专家2	专家3	专家4	专家5
X_8	极低	极低-低	不确定	低-中等	低
X_9	低	低	0.9低-0.1中等	低	低
X_{10}	低-中等	0.7低-0.3中等	低	中等	低
X_{11}	中等	低-中等	低	低	中等
X_{12}	低	低-中等	中等	中等	0.6中等-0.4高
X_{13}	低-中等	低	低	0.3低-0.7中等	低
X_{14}	中等	中等	中等	0.1低-0.9中等	中等
X_{15}	低	低	中等	低	低-中等
X_{16}	0.6低-0.3中等	低-中等	低	中等	低
X_{17}	低-中等	0.8低-0.2中等	低-中等	低	低
X_{18}	低	低-中等	中等	低	中等
X_{19}	中等	低-中等	0.6低-0.4中等	低	低
X_{20}	低	低	低	低	低
X_{21}	高	中等-高	中等	中等	中等
X_{22}	高	0.7中等-0.3高	高	极高	中等-高
X_{23}	高-极高	高	中等-高	中等	高
X_{24}	低	低-中等	0.4低-0.6中等	中等	低
X_{25}	低-中等	中等	中等	不确定	低
X_{26}	高	高-极高	高	高	极高
X_{27}	0.6中等-0.4高	极高	中等	高	高
X_{28}	高	高	中等	极高	高
X_{29}	高-极高	中等	高	0.1中等-0.9高	高
X_{30}	0.4高-0.6极高	极高	高	0.7高-0.3极高	高

采用基于 t 范数的群聚合方法,得到所有根节点的先验概率,见表7-12。

表7-12 根节点的先验概率

序号	节点状态			序号	节点状态		
	0	1	2		0	1	2
X_1	0.939 5	0.018 0	0.042 5	X_{17}	0.980 4	0.006 4	0.013 2
X_2	0.980 6	0.005 2	0.014 2	X_{18}	0.998 4	0.000 6	0.001 0
X_3	0.992 2	0.004 0	0.003 8	X_{19}	0.990 0	0.003 6	0.006 4
X_4	0.979 6	0.005 9	0.014 5	X_{20}	0.990 0	0.002 6	0.007 3
X_{31}	0.955 2	0.027 5	0.017 3	X_{21}	0.984 3	0.009 0	0.006 7
X_8	0.968 5	0.008 4	0.023 1	X_{22}	0.998 8	0.000 8	0.000 4
X_9	0.996 0	0.001 1	0.002 9	X_{23}	0.970 3	0.020 3	0.009 4

续表

序号	节点状态			序号	节点状态		
	0	1	2		0	1	2
X_{10}	0.987 3	0.004 5	0.008 2	X_{24}	0.967 9	0.011 6	0.020 5
X_{11}	0.982 6	0.006 7	0.010 7	X_{25}	0.925 1	0.032 3	0.042 6
X_{12}	0.998 4	0.000 7	0.000 9	X_{26}	0.993 6	0.005 1	0.001 3
X_{13}	0.980 2	0.006 5	0.013 3	X_{27}	0.984 5	0.010 8	0.004 7
X_{14}	0.997 6	0.001 2	0.001 2	X_{28}	0.982 5	0.012 5	0.005 0
X_{15}	0.980 4	0.006 6	0.013 0	X_{29}	0.968 5	0.021 9	0.009 6
X_{16}	0.995 2	0.001 7	0.003 1	X_{30}	0.984 5	0.012 8	0.002 7

7.4.2　逻辑门的转化

针对故障树中的逻辑门,由于此处考虑的是某一时刻的概率传递情况,所以不考虑动态性,仅考虑逻辑关系。

对优先与门、顺序强制门这种受时间影响逻辑关系的动态逻辑门,在对某一时刻进行研究时忽略时间的影响,仅考虑输入事件全都发生时,输出事件发生,转化如图 7-5 所示。此时可以看成故障树中的与门。同理,备件门(热备件门、温备件门和冷备件门)也可看成与门,转化如图 7-6 所示。

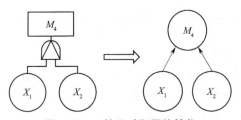

图 7-5　M_4 的贝叶斯网络转化

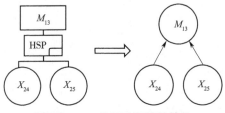

图 7-6　M_{13} 的贝叶斯网络转化

对功能相关门连接的事件,输入触发事件发生后相关基本事件必然发生。因此,可将输入触发事件和相关基本事件均作为父节点,转化如图 7-7 所示。

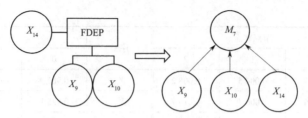

图7-7　M_7的贝叶斯网络转化

由德尔菲法可以获得子节点的条件概率,M_4的条件概率见表7-13。

表7-13　M_4的条件概率

X_1	X_2	M_4 状态		
		0	1	2
0	0	1	0	0
0	1	1	0	0
0	2	1	0	0
1	0	1	0	0
1	1	0.1	0.2	0.7
1	2	0.05	0.15	0.8
2	0	1	0	0
2	1	0	0.15	0.85
2	2	0	0.1	0.9

由表7-13可以得到如下信息:

(1)只有X_1和X_2同时发生时,M_4才会发生;

(2)X_1和X_2对M_4的"1"状态影响相同;

(3)X_1比X_2对M_4的"2"状态影响大。

在获得所有条件概率表后,构建海底管道多态贝叶斯网络如图7-8所示。

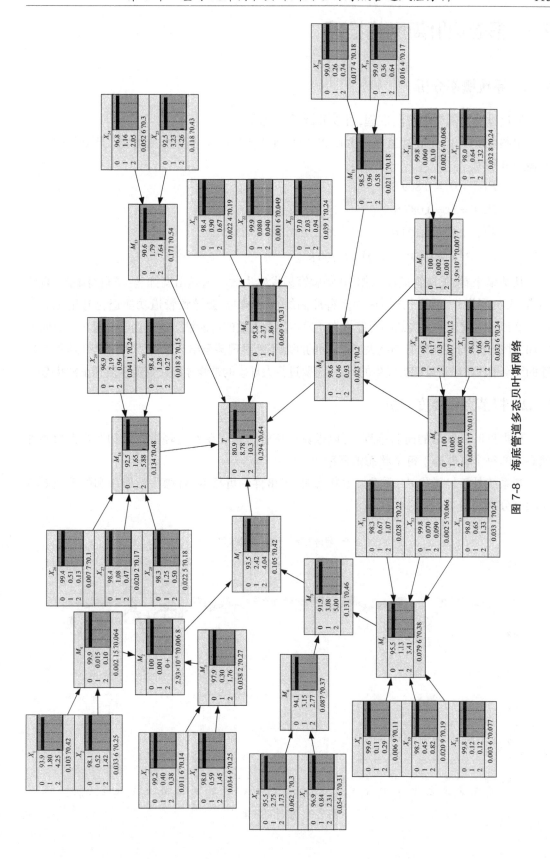

图 7-8　海底管道多态贝叶斯网络

7.5　多态贝叶斯网络推理

7.5.1　系统概率分析

通过贝叶斯网络的正向推理,可以分析子节点的状态。

由图 7-8 可知,海底管道在位工作 20 年后处于正常状态、轻微失效状态、严重失效状态的概率分别为

$$P(X=0)=0.809\,0$$

$$P(X=1)=0.087\,8$$

$$P(X=2)=0.103\,0$$

$$P=P(X=1)+P(X=2)=0.190\,8$$

从结果来看,①该管道在工作 20 年后容易发生失效。这是由腐蚀、管道自身缺陷、自然因素、人员误操作和第三方损坏等多种原因综合影响的,会导致管道功能退化甚至无法工作。②该管道发生严重失效的可能性大于发生轻微失效的可能性。这是由于随着工作时间的增加,对管道自身性能的影响增大,各方面的问题不断显现甚至出现累积,采用不停工维修等快速的维修手段已经很难解决发生的问题,需要进行大规模的维修才能使管道恢复到正常状态。

7.5.2　根节点重要度分析

根据贝叶斯网络的向后推理,可以推算出该管道系统在发生轻微失效和严重失效两种状态下的每个事件处于每个状态的概率。

当系统处于轻微失效、严重失效状态时,各事件的可靠度、轻微失效概率和严重失效概率绘制分别如图 7-9 至图 7-11 所示。

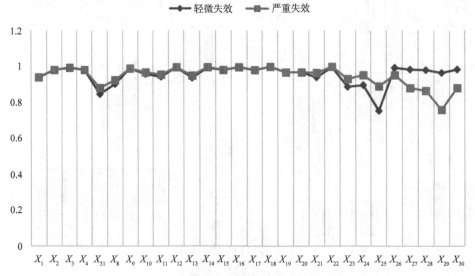

图 7-9　事件可靠度

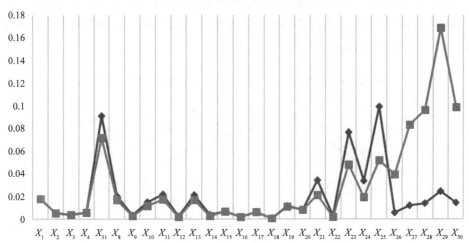

图 7-10　事件轻微失效概率

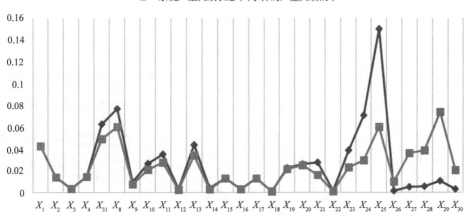

图 7-11　事件严重失效概率

由图可知,当系统处于轻微失效状态时,X_{25}管理监督不到位的可靠性最低,轻微失效概率最大;同时,当系统处于严重状态时,其轻微失效的概率也处于最大,说明管理监督出现疏忽或者较小的问题时,就很有可能导致整个海底管道发生不同程度失效,因此需要提高监管人员的素质和责任心,保证认真地完成每次的管理监督任务。

当系统处于严重失效状态时,X_{29}拖网渔具影响的可靠性最低,轻微失效和严重失效概率均较大;说明拖网渔具容易造成海底管道严重失效,因此需要标记好管道位置,与渔民协调捕鱼范围,尽可能避免拖网渔具对管道造成损坏。

7.5.3　主要因素重要度分析

当系统处于轻微失效、严重失效状态,各主要因素(M_1腐蚀、M_8管道自身缺陷、M_{12}自然因素、M_{13}人员误操作和M_{14}第三方损坏)的可靠度、轻微失效概率和严重失效概率绘制分别如图7-12和图7-13所示。

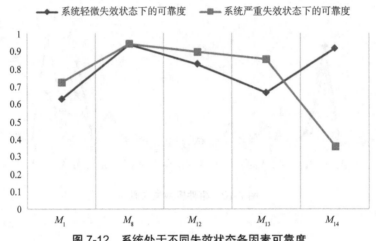

图 7-12　系统处于不同失效状态各因素可靠度

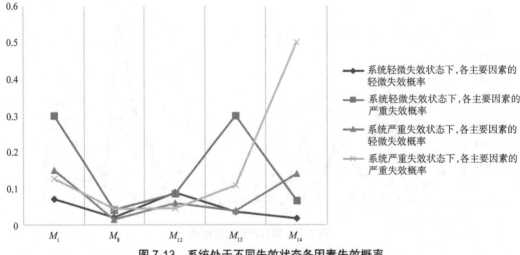

图 7-13　系统处于不同失效状态各因素失效概率

由图可知,当系统处于轻微失效状态时,腐蚀的可靠性最低,严重失效概率最高;说明腐蚀是海底管道发生轻微失效的主要原因,因此要采取必要的防腐措施来减缓管道的内外腐蚀并且定期检查维修。当系统处于严重失效状态时,第三方损坏的可靠性最低,轻微失效和严重失效概率均最大;说明第三方损坏是海底管道发生严重失效的主要原因,与API数据库统计结果相符,因此要加强巡视、完善整体管线标识、开展法制宣传教育等。

7.5.4　分析结论

本章主要对海底管道重要时间节点(第 20 年)进行了多态性风险分析。

首先,调研英国 PARLOC 数据库、EGIG 数据库、API 数据库、IOGP 数据库分析得到海底管道主要失效因素(腐蚀、管道自身缺陷、自然因素、人员误操作和第三方损坏),构建海底管道动态故障树。

其次,由于数据库信息欠缺、参考样本较少,因此本研究采用专家评价法结合基于区间二元语义的群聚合方法计算得出基本事件的年失效率。

然后,通过指数分布式计算得到第 20 年的海底管道失效概率,进而采用专家评价结合基于模糊理论的群聚合方法进行总失效概率的划分,分为轻微失效概率和严重失效概率,得到根节点各状态的先验概率。采用德尔菲法经由专家多轮讨论得到各子节点的条件概率表。

最后,构建海底管道的多态贝叶斯网络进行向前向后推理,得到相应的可靠性指标(系统各状态概率、根节点重要度分析、主要因素重要度分析),为工程实际的防控措施提供参考。同时,对主要因素重要度的分析也验证了该方法的合理性。

本章部分图例

说明:为了方便读者直观地查看彩色图例,此处节选了书中的部分内容进行展示。页面左侧的页码,为您标注了对应内容在书中出现的位置。

第 8 章　基于直觉模糊贝叶斯网络的船舶液化天然气储罐风险评估

在海洋工程及石化领域的风险评估中,需要利用系统组件的精确故障概率数据计算系统的风险概率。在历史数据不足或不精确的情况下,直觉模糊集理论提供了一种有效的技术。考虑了不确定性和犹豫性的直觉模糊数可以将专家知识从定性语言评价,转化为相对可靠的故障概率。在处理系统复杂因果关系和不确定性推理方面,贝叶斯网络有着出众的能力。本章建立了一种基于直觉模糊理论的贝叶斯网络方法,对液化天然气(Liquefied Natural Gas, LNG)储罐系统进行了概率风险评估。本章所提出方法获得的结果与现有方法的结果比较表明该方法有良好的适用性。通过贝叶斯推理和敏感性分析识别系统薄弱环节,供决策者参考,有助于提高海洋装备安全性。

8.1　基于直觉模糊贝叶斯网络的风险评估流程

8.1.1　故障树的构建

首先界定对象系统,定义分析的范围;然后,收集一些历史事故数据,进行系统的逻辑分析和根本原因分析,确定需要包括在分析中的影响因素和故障事件;最后,定义系统故障根本原因分析中将要涉及的详细程度。定义完所有这些方面,系统的故障树就完成建模了。

8.1.2　基于故障树的贝叶斯网络构建

由于贝叶斯网络模型的构建比较烦琐,且基于故障树转化的方式构造贝叶斯网络既能够充分利用故障树对风险因子识别的能力,又能够结合贝叶斯网络在推理计算方面的诸多优点,因而本章采用故障树向贝叶斯网络转化的方法来构造贝叶斯网络模型。

故障树中的事件转化为贝叶斯网络中的节点,基本事件转化为根节点,顶事件转化为叶节点,中间事件转化为对应根节点的子节点。故障树中通过"与/或"逻辑门来表示事件之间的关系,贝叶斯网络则是通过 CPT 表示。而 CPT 的赋值需要精确的因果关系,通常很难获得,因此常使用"与/或"逻辑门转化为条件概率表的方法构建贝叶斯网络的逻辑关系。

CPT 的大小通常会随着有限个父节点数量的增加而呈指数增长,并且使用逻辑门"与/或"来计算条件概率分布的分析是绝对的,而实际故障事件的发生不是简单的二进制(例如,以"1"表示发生而以"0"表示不发生)。基于 Noisy-OR gate 可以克服这些限制,它解决了条件概率表数量太大的问题,并考虑了未知的和遗漏的风险因素。因此,本研究将 Noisy-OR gate 理论和贝叶斯理论相结合,考虑未识别的潜在风险因素影响,建立贝叶斯网络的逻辑关系。

8.1.2.1　Noisy-OR Gate 模型及其扩展

人们常常基于下述假设来判断和预测系统失效问题,即系统所具有的 n 个独立部件中,任何一个部件失效都会引发系统失效,并且系统不会因这些部件失效以外的其他原因而导致失效。这种确定性的关系假设即逻辑"或"关系,不再需要额外定义参数以描述每种子节点状态组合条件下的系统失效概率。然而,在复杂条件下这种假设并不现实,某个部件失效是否会导致系统失效,以及系统失效是否由所列的部件失效引发,都存在着一定的不确定性。

条件概率分布是贝叶斯网络中描述节点间逻辑关系的工具,故障树中的逻辑"与/或"门所定义的确定性逻辑关系可转化为元素为"0"或"1"表示的条件概率分布。但复杂情况下,事件间逻辑关系具有不确定性,条件概率分布可通过定义连续区间 [0, 1] 上的概率数值来描述这种不确定性,提高了逻辑关系表达的灵活性。贝叶斯网络中条件概率数据的获取可通过历史数据或专家评估获得。

假设贝叶斯网络中的某节点 Y 具有 n 个二态父节点 $X_1, X_2, \cdots, X_n$,则子节点 Y 的条件概率表的维度为 2×2^n,包含父节点状态的所有组合方式,共需要确定 2^n 个参数,随着父节点数量的增加呈现指数增长的趋势,为数据获取带来了困难。然而,变量之间的已知现实关系使得简洁地定义条件概率表成为可能。Noisy-OR Gate 模型即可用于简化描述多个父节点(二态变量)与子节点 Y 之间的条件概率关系,将创建条件概率所需参数降低为 $2n$,与父节点数量呈线性关系,尤其在处理具有多父节点的网络时具有明显优势。适用于 Noisy-OR Gate 模型的贝叶斯网络须满足以下两个特定条件:

(1)父节点之间相互独立;

(2)假设某父节点 X_i 发生而其他父节点不发生时,其子节点 Y 发生的情况存在,其发生概率可表示为 $P_{X_i} = P\left(Y = \mathrm{Occur} \mid \overline{X_1}, \overline{X_2}, \cdots, X_i, \overline{X_{i+1}}, \cdots, \overline{X_n}\right)$,$P_{Xi}$ 称为 X_i 的连接概率。

基于所有父节点的连接概率,节点 Y 的条件概率表中的所有项均可通过下式得到:

$$P(Y \mid \pi(Y)) = 1 - \prod_{X_i \in \pi(Y)} (1 - P_{X_i}) \tag{8-1}$$

式中:$\pi(Y)$ 为 Y 的父节点集合。

将子节点 Y 的父节点分为两类,分别为 X_i 和除 X_i 之外的其他节点组合 X_{all},相应的连接概率分别为 P_{X_i} 和 $P_{X_{\mathrm{all}}}$,代入式(8-1)可分别得到以下两式:

$$P\left(Y \mid X_i\right) = 1 - \left(1 - P_{X_i}\right)\left(1 - P_{X_{\mathrm{all}}}\right) = P_{X_i} + P_{X_{\mathrm{all}}} - P_{X_i} P_{X_{\mathrm{all}}} \tag{8-2}$$

$$P(Y \mid \overline{X_i}) = P_{X_{\mathrm{all}}} P(Y \mid X_i) \tag{8-3}$$

将式(8-3)代入式(8-2)可得

$$P_{X_i} = \frac{P(Y \mid X_i) - P(Y \mid \overline{X_i})}{1 - P(Y \mid \overline{X_i})} \tag{8-4}$$

其中,$P(Y \mid \overline{X_i}) = 1 - P(\overline{Y} \mid \overline{X_i})$。由式(8-4)可得所有父节点的连接概率为 $P_{X_1}, P_{X_2}, \cdots, P_{X_i}, \cdots, P_{X_n}$。

因此,基于 Noisy-OR Gate 模型,可通过获取每个父节点 X_i 的 $P(Y|X_i)$ 和 $P(\overline{Y}|\overline{X_i})$ 来计算子节点 Y 的条件概率表,所需确定的参数共为 $2n$ 个,与父节点数量呈线性关系,显著降低了评估数据的需求量。

Leaky Noisy-OR gate 模型是对 Noisy-OR gate 模型的扩展,考虑了系统失效中未识别因素的影响,如图 8-1 所示。在复杂系统中,系统失效事故总是受到诸多因素的影响,构建的贝叶斯网络模型存在着模型完整性的不确定性,有限数量的节点集合无法包含所有影响因素,一定存在尚未有效识别的因素,统称为遗漏事件 X_L。遗漏事件的发生也可能导致系统失效,其可能性通过遗漏概率 P_L 表示,反映了节点 Y 发生时所有遗漏事件的综合影响:

$$P_L = P\left(Y = \text{Occur} \,\middle|\, \overline{X_1}, \overline{X_2}, \cdots, \overline{X_n}, X_L\right) \quad (0 \leqslant P_L < 1) \tag{8-5}$$

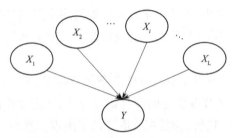

图 8-1　Leaky Noisy-OR gate 模型

考虑遗漏事件的影响,子节点 Y 的条件概率计算由式(8-1)转变为下式:

$$P(Y|\pi(Y)) = 1 - (1 - P_L) \prod_{X_i \in \pi(Y)} (1 - P_{X_i}) \tag{8-6}$$

因此,通过获取每个父节点 X_i 的 $P(Y|X_i)$ 和 $P(\overline{Y}|\overline{X_i})$,以及遗漏概率 P_L,即可获取节点 Y 的所有条件概率。

8.1.3　根节点先验概率计算

根节点的先验概率和中间节点的条件概率是贝叶斯网络因果推理和诊断推理所需的基础数据,体现为量化的数值形式,而在实际情况中通常难以获取客观有效的准确数值,专家评估是获取量化概率的重要方式。相比于量化数值,人们更习惯通过自然语言表述对变量的等级判断,因此,可通过概率评估方法,将不同专家对概率等级的评估值转化为量化模糊概率数据,以满足量化计算的实际需求。

8.1.3.1　专家评价

评价术语反映了专家对事件发生概率的认识。专家们根据行业习惯或规范中的分类标准,通过评价术语表达观点,不同专业或领域存在差异性。风险事件发生的可能性一般按照风险发生频次进行分级,针对 LNG 储罐,本研究参考行业标准(ANSI/API STANDARD 780),结合领域习惯,将 LNG 储罐火灾与爆炸事故发生频率从低到高依次分为 7 个等级。

基于以上考虑,本研究定义评价术语为 {"VH","H","RH","M","RL","L","VL"},将概率空间划分为 7 个区域,来判断 LNG 储罐火灾与爆炸事故发生的可能性。自然语言向数学语言的转化需要通过模糊函数,本研究使用三角直觉模糊数来定义专家语言与模糊函数之间的映射关系。图 8-2 展示了 7 个评语所对应的模糊隶属函数和模糊非隶属函数曲线。表 8-1 给出了 7 个评语所对应的三角直觉模糊数。

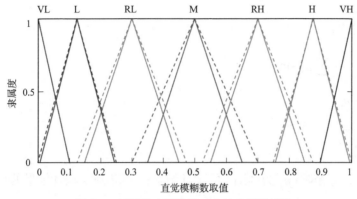

图 8-2　风险发生可能性对应的直觉模糊数

表 8-1　直觉模糊数定义

风险发生可能性	直觉模糊数
VL	$(0,0,0.1;0,0,0.1)$
L	$(0.005,0.125,0.245;0,0.125,0.25)$
RL	$(0.15,0.3,0.45;0.125,0.3,0.475)$
M	$(0.35,0.5,0.65;0.3,0.5,0.7)$
RH	$(0.55,0.7,0.85;0.525,0.7,0.875)$
H	$(0.755,0.875,0.995;0.75,0.875,1)$
VH	$(0.9,1,1;0.9,1,1)$

8.1.3.2　确定专家权重

专家用语言评语表达的主观意见需要首先转化为直觉模糊数,然后进行聚合。在传统的专家调查法中,所有专家的重要性被认为是一致的,常采用最简单的算术平均的方式对专家意见进行聚合。而事实上,由于教育背景、工作经验和对待风险态度的不同,不同受访者对同一事件可能会有不同的判断,受访者间的数据可靠性存在一定偏差。因此,有必要考虑专家的个人综合情况,对调查数据进行可靠性评估。

选择表 2-1 所示的 4 个准则来评价专家。每位专家将根据其个人信息和对应的标准获得一个分数。最终,专家的权重是通过对加权平均得分进行标准化来得到的。4 个准则的重要性权重根据熵技术来确定,计算过程如式(8-7)至式(8-11)所示。对于同一准则,当不同专家之间的评分差异较小时,则准则的评估权重将相对不重要。相反,传递最多信息的准则会具有最高的权重。对于第 s 个准则,θ_{js} 为每位专家 $E_j(j=1,2,\cdots,m)$ 的得分。

$$\boldsymbol{\Theta} = \left(\theta_{js}\right) = \begin{pmatrix} \theta_{11} & \cdots & \theta_{1s} \\ \vdots & & \vdots \\ \theta_{j1} & \cdots & \theta_{js} \end{pmatrix} \qquad (8\text{-}7)$$

$$p_{js} = \frac{\theta_{js}}{\displaystyle\sum_{j=1}^{m} \theta_{js}} \qquad (8\text{-}8)$$

$$e_s = -\frac{1}{\ln m} \sum_{j=1}^{m} p_{js} \cdot \ln p_{js} \qquad (8\text{-}9)$$

$$d_s = 1 - e_s \qquad (8\text{-}10)$$

$$w_s = \frac{d_s}{\displaystyle\sum_{s=1}^{l} d_s} \qquad (8\text{-}11)$$

式中: $\boldsymbol{\Theta}$ 为专家得分矩阵; p_{js} 为准则 s 的预计结果; e_s 为准则 s 预计结果的熵; d_s 为多元化程序; w_s 为标准 $s = 1, 2, \cdots, l$ 的权重。

为了求得每位专家的权重,应该先计算加权平均分数 q_j,公式如下:

$$q_j = \sum_{s=1}^{l} w_s \times \theta_{js} \qquad (8\text{-}12)$$

最后,计算每位专家的权重 $W(E_j)$:

$$W(E_j) = \frac{q_j}{\displaystyle\sum_{j=1}^{m} q_j} \qquad (8\text{-}13)$$

8.1.3.3　专家评价聚合

直觉模糊集表达了专家在给出评判等级时的犹豫情况,考虑了专家评判的不确定性和犹豫性。但是在频繁的数据处理过程中,存在不确定性累积的问题。最弱 T 范数不仅能够在保持模糊数形状的基础上进行模糊算术运算,而且能够减小可靠性区间的长度,减小模糊效应的累积。基于以上考虑,本研究在直觉模糊环境下,采用了 T_{ω} 算子来整合所有专家的观点,并在一致度计算过程中考虑了专家权重的贡献,提出了一种改进的相似性聚合法(Similarity Aggregation Method, SAM),具体步骤如下。

步骤 1:相似度计算

将任意两位专家 $E_j (j = 1, 2, \cdots, m)$ 和 $E_k (k = 1, 2, \cdots, m)$ 的评价术语转换为相应的直觉模糊数,分别为 $A_j = \left(a_j, b_j, c_j; a_{j'}, b_j, c_{j'}\right)$ 和 $A_k = \left(a_k, b_k, c_k; a_{k'}, b_k, c_{k'}\right)$,则相似度 $S(A_j, A_k)$ 表示为

$$S(A_j, A_k) = \begin{cases} EV(A_j) / EV(A_k) & \left(EV(A_j) \leqslant EV(A_k)\right) \\ EV(A_k) / EV(A_j) & \left(EV(A_k) \leqslant EV(A_j)\right) \end{cases} \qquad (8\text{-}14)$$

式中: $EV(A_j)$、$EV(A_k)$ 为 A_j 和 A_k 的预期评价。A_j 的预期评价定义为

$$EV(A_j) = \frac{(a_j + a_{j'}) + 4b_j + (c_j + c_{j'})}{8} \tag{8-15}$$

$S(A_j, A_k) \in [0,1]$，$S(A_j, A_k)$ 的值越大，两位专家的意见越一致。$S(A_j, A_k) = 1$ 表示两位专家的意见一致，$S(A_j, A_k) = 0$ 表示两位专家的意见没有交集。

步骤 2： 计算专家的加权一致度

每个专家 E_j 的加权一致度

$$WA(E_j) = \frac{\sum\limits_{k=1,k \neq j}^{m} W(E_k) \cdot S(A_j, A_k)}{\sum\limits_{k=1,k \neq j}^{m} W(E_k)} \tag{8-16}$$

式中：$W(E_k)$ 为专家 E_k 的权重。

步骤 3： 计算相对一致度

每个专家的相对一致度为

$$RA(E_j) = \frac{WA(E_j)}{\sum\limits_{j=1}^{m} WA(E_j)} \tag{8-17}$$

步骤 4： 计算组合权重

结合专家权重和相对一致度来计算一致性系数

$$CC(E_j) = \beta W(E_j) + (1-\beta) RA(E_j) \tag{8-18}$$

式中：β（ $0 \leqslant \beta \leqslant 1$）为松弛因子，表示专家权重与相对一致度的相对重要性。

步骤 5： 聚合专家意见

基于 T_ω 算子的模糊聚合结果

$$u_z(x) = \sum_{j=1}^{m} (\oplus T_\omega) CC(E_j) A_j \tag{8-19}$$

8.1.3.4　去模糊化处理

去模糊化是将直觉模糊数使用反模糊化公式转换成确定值（模糊概率）。本研究采用质心法获取三角直觉模糊数的模糊概率，也称为 FPS。

对于一个直觉模糊数 $A = (a, b, c; a', b, c')$，质心法的反模糊化为

$$FPS = \frac{1}{3} \left[\frac{(c'-a')(b-2c'-2a') + (c-a)(a+b+c) + 3(c'^2 - a'^2)}{(c'-a'+c-a)} \right] \tag{8-20}$$

8.1.3.5　模糊失效概率转换

通过专家语义评判并经聚合、去模糊处理之后所得到的 FPS 为事件的发生可能性，为了与常规的事件故障概率兼容，通常通过 Onisawa 提出的转换公式将 FPS 转化为模糊失效概率 FFP，作为事件发生概率。Onisawa 的转换方法最初是为了处理人机系统的失效概率而提出并得到验证的，虽然在许多研究中得到了广泛应用，但考虑到不同行业中概率分级标

准的差异性,这种方法并不具备普适性。专家们根据行业习惯或者规范中的分级标准,通过评价语言表达观点,因此在将评价转化为失效概率时,也必须遵循同样的原则。

本研究定义专家评语变量时,采用了石油化工领域常用的七等级风险概率划分标准。因此,考虑到划分得到的新的更合理的概率空间,本研究提出一种改进的计算方法,将 FPS 转化为 FFP,即

$$FFP = \begin{cases} 1/10^K & FPS \neq 0 \\ 0 & FPS = 0 \end{cases} \tag{8-21}$$

$$K = \begin{cases} -0.721\ln FPS + 2.839 & 0 \leq FPS < 0.2 \\ -1/3 \times (10FPS - 14) & 0.2 \leq FPS \leq 0.8 \\ \left[(1 - FPS)/FPS\right]^{0.445} \times 3.705 & 0.8 < FPS \leq 1 \end{cases} \tag{8-22}$$

8.1.4　贝叶斯网络分析

8.1.4.1　贝叶斯网络推理

在给定原因和证据的情况下,可以使用贝叶斯网络正向推理技术来计算风险事件或结果发生的概率。对风险事件的发生概率进行提前预测,使管理人员能事前了解系统的风险水平,在安全风险水平较高时及早采取防范措施。

当系统运行过程中某时刻出现最高事故风险时,可以通过贝叶斯网络的反向诊断技术推理出每个风险因素的后验概率,作为判定风险因素影响风险事件发生的重要度。通常选取后验概率排序结果均较为靠前的节点事件作为最可能的致险因素。

8.1.4.2　敏感性分析

敏感性分析在概率风险评价中起着重要作用,其目的是阐明各风险因素对事故发生的贡献情况,从而确定关键风险因素,有助于系统的风险排查。

通过使用先验概率和后验概率,计算得到概率的模糊变异比 RoV,进行敏感性分析,确定影响系统故障的关键节点:

$$RoV(X_i) = \frac{\phi(X_i) - \varphi(X_i)}{\varphi(X_i)} \tag{8-23}$$

式中: $\phi(X_i)$ 为后验概率; $\varphi(X_i)$ 为先验概率。

8.2　LNG 储罐风险评估

本章以 LNG 储罐事故为例,提出了基于直觉模糊理论的贝叶斯网络方法,以评估储罐火灾与爆炸事故的发生概率。邀请领域内专家对各种基本风险事件的概率水平进行评估。概率评估的结果为分析储罐火灾与爆炸事故的关键事件提供了参考,对将来防止或减少 LNG 储罐事故的发生有一定意义。

8.2.1　储罐事故的贝叶斯网络构建

假定 LNG 储罐火灾与爆炸事故是最顶部事件 T,构建故障树。储罐火灾与爆炸事故主要由"点火源"和"爆炸范围内的蒸汽-空气混合物"同时发生而引起。"点火源"又有很多种诱因,包括冲击火花、静电火花、明火、雷电火花、电气设备火花或杂散电流,任一个发生都会点燃爆炸范围内的蒸气-空气混合物。可能导致爆炸范围内蒸汽-空气混合物产生的原因包括漏油、呼吸阀因故障而打开、仪表舱口常开或漏油。在以上中间事件基础上继续分析,直到识别出所有可能的基本事件(根节点)。分析结果表明,LNG 储罐火灾与爆炸事故的故障树中有 43 个根节点。

通过 8.1.2 节中的方法,将故障树转化为贝叶斯网络。在建立的故障树模型中,有 43 个基本事件映射到 43 个根节点上,19 个中间事件映射到 19 个中间节点上,顶部事件映射到叶节点 T 上。LNG 储罐火灾与爆炸事故的贝叶斯网络模型如图 8-3 所示,节点指代含义见表 8-2 所示。

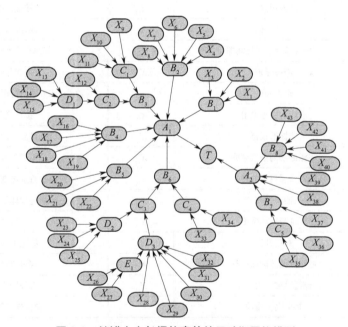

图 8-3　储罐火灾与爆炸事故的贝叶斯网络模型

表 8-2　贝叶斯网络节点指代含义

序号	事件	序号	事件
A_1	点火源	A_2	爆炸范围内的蒸气-空气混合物
B_1	冲击火花	B_2	明火
B_3	雷电火花	B_4	电气设备火花
B_5	杂散电流	B_6	静电火花
B_7	浮油	B_8	漏油

序号	事件	序号	事件
C_1	雷击	C_2	地线有瑕疵
C_3	油罐静电放电	C_4	人体静电放电
C_5	操作错误	D_1	避雷器故障
D_2	接地不良	D_3	静电积累
E_1	测量操作误差	X_1	使用非防爆工具
X_2	维修作业中金属工具与罐壁碰撞	X_3	穿着铁钉鞋
X_4	吸烟	X_5	消防工作
X_6	没有阻火器的车辆	X_7	火柴
X_8	打火机	X_9	直击闪电
X_{10}	雷击侵入管道	X_{11}	雷电感应
X_{12}	未安装防雷设施	X_{13}	空气终端损坏
X_{14}	导流板损坏	X_{15}	接地杆损坏
X_{16}	移动电话	X_{17}	视听或摄影设备
X_{18}	非防爆监视器或探测器	X_{19}	其他非防爆电气设备
X_{20}	阴极保护	X_{21}	电气化铁路
X_{22}	附近漏电	X_{23}	未安装防静电接地装置
X_{24}	非标准接地电阻	X_{25}	接地线断裂
X_{26}	非标准仪器	X_{27}	站立时间不足
X_{28}	飞溅的油与空气摩擦	X_{29}	油面漂浮金属碎屑
X_{30}	油对金属材料的冲击	X_{31}	管道内壁粗糙
X_{32}	油流速高	X_{33}	靠近导体的操作员
X_{34}	纤维与人体摩擦	X_{35}	过载
X_{36}	阀门开错	X_{37}	罐顶无人值守
X_{38}	呼吸阀因故障而打开	X_{39}	仪表舱口常打
X_{40}	储罐壁被外力破坏	X_{41}	人孔周围密封不良
X_{42}	罐壁高度腐蚀	X_{43}	挠性连接管破裂

8.2.2 获取先验概率数据

由于缺少根节点的准确概率数据,本研究提出了一种将直觉模糊集理论和专家启发相结合的方法来量化根节点事件的发生可能性。在这项研究中,邀请了 5 位专家根据他们的知识和经验来进行评估。由于信息不完整,不准确和含糊不清,专家无法直接提供事件的确切概率值,而是通过自然语言术语来判断事件失败的可能性。为了与行业习惯的事故发生概率空间相对应,本研究使用七等级的评语变量来表达专家对事件概率的认识和判断,并且在评估过程中,每位专家都被告知评价术语在概率量表上的映射关系,以确保专家语义评估的一致性。表 8-3 显示了所有根节点事件的专家判断结果。然后，使用如图 8-2 和表 8-1 所示的模糊隶属函数和模糊非隶属函数将评价术语转换为直觉模糊数。

表 8-3　专家评价意见

根节点事件	专家				
	E_1	E_2	E_3	E_4	E_5
X_1	RL	L	RL	L	RL
X_2	RL	L	RL	L	M
X_3	L	L	L	VL	RL
X_4	M	RL	M	RL	M
X_5	RH	RL	RH	M	M
X_6	RL	L	L	VL	RL
X_7	RL	RL	L	VL	RL
X_8	M	RL	RL	RL	M
X_9	L	L	RL	L	RL
X_{10}	RL	L	L	L	RL
X_{11}	L	RL	L	RL	RL
X_{12}	RL	L	L	VL	L
X_{13}	M	RL	RL	L	M
X_{14}	RH	RL	RL	RL	M
X_{15}	RL	RL	M	L	M
X_{16}	L	RL	L	VL	L
X_{17}	L	L	L	VL	L
X_{18}	L	L	L	VL	L
X_{19}	RL	L	RL	VL	RL
X_{20}	L	L	L	VL	L
X_{21}	L	L	L	L	VL
X_{22}	RL	L	L	VL	RL
X_{23}	RL	L	L	VL	L
X_{24}	L	L	RL	VL	L
X_{25}	M	RL	RL	RL	L
X_{26}	RL	L	RL	VL	RL
X_{27}	RL	L	L	L	RL
X_{28}	RL	L	L	VL	RL
X_{29}	L	L	RL	VL	L
X_{30}	RL	L	L	L	RL
X_{31}	L	RL	L	VL	L
X_{32}	RL	L	RL	VL	RL

根节点事件	专家				
	E1	E2	E3	E4	E5
X_{33}	L	RL	L	VL	VL
X_{34}	RL	L	L	VL	VL
X_{35}	L	RL	RL	VL	L
X_{36}	L	RL	M	VL	RL
X_{37}	RL	L	RL	L	RL
X_{38}	RH	RL	M	RH	RH
X_{39}	M	RL	M	M	RH
X_{40}	L	L	L	RL	L
X_{41}	M	RL	RL	M	RH
X_{42}	RL	L	RL	VL	RL
X_{43}	M	RL	RL	M	RL

专家的权重是通过对加权平均分数进行标准化来计算的。专家的个人信息表见表8-4。根据表2-1,不同的专家将分别得到关于4个准则的相关得分,构成专家得分决策矩阵 $\boldsymbol{\Theta} = \left(\theta_{js}\right)_{5\times 4}$（式（8-24））。通过熵技术计算得到4个准则的权重向量为 $\boldsymbol{w}_s = (0.3, 0.19, 0.3, 0.21)$。然后,计算得到专家的加权平均得分。最终通过式（8-13）,对加权平均分数进行标准化,确定每个专家的权重,见表8-4的第七列。

表8-4　专家信息及权重计算结果

专家	专业职位	工龄	学历	年龄	加权得分	权重 W
E_1	教授级高级工程师	21 年	大学本科	48 岁	3.98	0.262 7
E_2	副教授	7 年	博士	34 岁	3.71	0.244 9
E_3	工程师	16 年	硕士	40 岁	3.28	0.216 5
E_4	技术员	5 年	在读	29 岁	1.49	0.098 3
E_5	工人	23 年	大专	52 岁	2.69	0.177 6

$$\boldsymbol{\Theta} = \left(\theta_{js}\right) = \begin{pmatrix} 5 & 5 & 3 & 3 \\ 4 & 2 & 5 & 3 \\ 3 & 4 & 4 & 2 \\ 2 & 2 & 1 & 1 \\ 1 & 5 & 2 & 4 \end{pmatrix} \tag{8-24}$$

在获得专家的判断后,将语言术语转换为相应的直觉模糊数,然后使用改进的SAM来汇总专家对每个根事件的观点,通过前文给出的式（8-14）至式（8-19）计算获得聚合的直觉模糊数。通过将松弛因子 β 视为0.5来执行聚合计算。

在聚合阶段,为了减少多个模糊数叠加过程中的模糊积累,使用 T_{ω} 算术运算符进行聚合。所有根节点事件的综合模糊数在表 8-5 的第 2 列中显示。

上述聚合的结果仍是一个直觉模糊变量,需要通过去模糊化技术将其进一步转换为清晰数值的 FPS。选择质心法进行去模糊化处理,如式(8-20)所示。表 8-5 的第 3 列显示了所有根节点事件的 FPS。

如上所述的根节点的 FPS 是借助专家启发和直觉模糊集理论获得的,但不是概率数值。为了进一步分析,需要将 FPS 转换为 FFP。考虑到本研究的直觉模糊数定义和规范推荐的概率空间,为了最终能将直觉模糊数(IFN)转换到相应区间的概率,建立了将 FPS 转换为 FFP 的公式,如式(8-21)和(8-22)所示。表 8-5 的第 4 列列出了所有根节点事件的 FFP 计算结果。

表 8-5　根事件专家意见汇总

根节点事件	综合模糊数	FPS	FFP
X_1	$(0.1,0.24,0.379;0.082,0.24,0.397)$	0.239 7	4.16×10^{-4}
X_2	$(0.131,0.27,0.409;0.109,0.27,0.431)$	0.269 6	6.20×10^{-4}
X_3	$(0.027,0.142,0.265;0.02,0.142,0.273)$	0.144 7	6.91×10^{-5}
X_4	$(0.279,0.429,0.579;0.238,0.429,0.62)$	0.428 8	2.94×10^{-3}
X_5	$(0.4,0.55,0.7;0.366,0.55,0.734)$	0.549 9	7.04×10^{-3}
X_6	$(0.069,0.193,0.325;0.056,0.193,0.338)$	0.195 6	2.06×10^{-4}
X_7	$(0.112,0.246,0.386;0.093,0.246,0.406)$	0.248 1	4.68×10^{-4}
X_8	$(0.231,0.381,0.531;0.196,0.381,0.566)$	0.380 9	1.97×10^{-3}
X_9	$(0.059,0.19,0.321;0.046,0.19,0.333)$	0.189 8	1.85×10^{-4}
X_{10}	$(0.062,0.194,0.326;0.049,0.194,0.338)$	0.193 8	1.99×10^{-4}
X_{11}	$(0.09,0.228,0.365;0.073,0.228,0.382)$	0.227 8	3.49×10^{-4}
X_{12}	$(0.033,0.149,0.274;0.025,0.149,0.282)$	0.152 1	8.32×10^{-5}
X_{13}	$(0.221,0.368,0.515;0.188,0.368,0.548)$	0.368 0	1.76×10^{-3}
X_{14}	$(0.268,0.418,0.568;0.239,0.418,0.598)$	0.418 2	2.70×10^{-3}
X_{15}	$(0.217,0.363,0.51;0.183,0.363,0.543)$	0.363 4	1.68×10^{-3}
X_{16}	$(0.032,0.148,0.272;0.024,0.148,0.28)$	0.150 6	8.01×10^{-5}
X_{17}	$(0.005,0.115,0.234;0,0.115,0.238)$	0.117 8	3.15×10^{-5}
X_{18}	$(0.005,0.115,0.234;0,0.115,0.238)$	0.117 8	3.15×10^{-5}
X_{19}	$(0.11,0.243,0.384;0.091,0.243,0.403)$	0.245 6	4.52×10^{-4}
X_{20}	$(0.005,0.115,0.234;0,0.115,0.238)$	0.117 8	3.15×10^{-5}
X_{21}	$(0.004,0.11,0.228;0,0.11,0.232)$	0.114 2	2.78×10^{-5}
X_{22}	$(0.069,0.193,0.325;0.056,0.193,0.338)$	0.195 6	2.06×10^{-4}
X_{23}	$(0.033,0.149,0.274;0.025,0.149,0.282)$	0.152 1	8.32×10^{-5}
X_{24}	$(0.03,0.145,0.269;0.022,0.145,0.277)$	0.148 1	7.53×10^{-5}

根节点事件	综合模糊数	FPS	FFP
X_{25}	$(0.171, 0.317, 0.462; 0.144, 0.317, 0.489)$	0.316 6	1.06×10^{-3}
X_{26}	$(0.11, 0.243, 0.384; 0.091, 0.243, 0.403)$	0.245 6	4.52×10^{-4}
X_{27}	$(0.062, 0.194, 0.326; 0.049, 0.194, 0.338)$	0.193 8	1.99×10^{-4}
X_{28}	$(0.069, 0.193, 0.325; 0.056, 0.193, 0.338)$	0.195 6	2.06×10^{-4}
X_{29}	$(0.03, 0.145, 0.269; 0.022, 0.145, 0.277)$	0.148 1	7.53×10^{-5}
X_{30}	$(0.062, 0.194, 0.326; 0.049, 0.194, 0.338)$	0.193 8	1.99×10^{-4}
X_{31}	$(0.032, 0.148, 0.272; 0.024, 0.148, 0.28)$	0.150 6	8.01×10^{-5}
X_{32}	$(0.11, 0.243, 0.384; 0.091, 0.243, 0.403)$	0.245 6	4.52×10^{-4}
X_{33}	$(0.031, 0.116, 0.235; 0.024, 0.116, 0.242)$	0.127 4	4.27×10^{-5}
X_{34}	$(0.032, 0.118, 0.237; 0.025, 0.118, 0.244)$	0.129 0	4.47×10^{-5}
X_{35}	$(0.071, 0.195, 0.327; 0.057, 0.195, 0.34)$	0.197 4	2.13×10^{-4}
X_{36}	$(0.149, 0.281, 0.42; 0.125, 0.281, 0.444)$	0.283 1	7.31×10^{-4}
X_{37}	$(0.1, 0.24, 0.379; 0.082, 0.24, 0.397)$	0.239 7	4.16×10^{-4}
X_{38}	$(0.433, 0.583, 0.733; 0.403, 0.583, 0.763)$	0.583 0	8.76×10^{-3}
X_{39}	$(0.346, 0.496, 0.646; 0.305, 0.496, 0.686)$	0.495 6	4.85×10^{-3}
X_{40}	$(0.02, 0.143, 0.266; 0.013, 0.143, 0.273)$	0.143 1	6.63×10^{-5}
X_{41}	$(0.299, 0.449, 0.599; 0.264, 0.449, 0.634)$	0.449 4	3.45×10^{-3}
X_{42}	$(0.11, 0.243, 0.384; 0.091, 0.243, 0.403)$	0.245 6	4.52×10^{-4}
X_{43}	$(0.223, 0.373, 0.523; 0.189, 0.373, 0.557)$	0.372 9	1.84×10^{-3}

8.2.3 Noisy-OR gate 模型获取 CPT

在实际中,一个系统会受到很多因素的影响。因此,由故障树的"与/或"逻辑门直接转换而来的条件概率表过于绝对,与实际情况存在较大偏离,见表 8-6。而 Noisy-OR gate 模型可以克服此限制。

例如,对于 C_5 和它的两个父节点 X_{35} 和 X_{36} 构成的局部网络,由"或"门连接转换而来,两个根节点之间互相不产生影响,可以满足 Noisy-OR gate 模型的条件。

表 8-6 C_5 的条件概率("与/或"门模型)

X_{35}	X_{36}	C_5	
		Occur	No
Occur	Occur	1	0
Occur	No	1	0
No	Occur	1	0
No	No	0	1

由表 8-5 和表 8-6，如果定义 $P\left(C_5|X_{35}\right)=0.94$，$P\left(\bar{C}_5|\bar{X}_{35}\right)=0.12$，$P\left(C_5|X_{36}\right)=0.98$，$P\left(\bar{C}_5|\bar{X}_{36}\right)=0.2$。则根据式（8-4）可求得连接概率 $P_{X_{35}}=0.5$，$P_{X_{36}}=0.9$。同时，定义遗漏事件节点符合高斯概率密度，其置信度为 99%。因此，泄漏概率 $P_L=1-0.99=0.01$。由式（8-6）可求得 C_5 的条件概率分布，见表 8-7。表 8-7 中 C_5 的 CPT 比表 8-6 更合理。

表 8-7　C_5 的条件概率（Noisy-OR gate 模型）

X_{35}	X_{36}	C_5	
		Occur	No
Occur	Occur	0.95	0.05
Occur	No	0.51	0.49
No	Occur	0.90	0.10
No	No	0.01	0.99

由图 8-3 中显示，A_2 和它的四个父节点 B_7、B_8、X_{38}、X_{39} 也构成了一个局部网络。同样我们定义概率值见表 8-8。

表 8-8　A_2 概率值定义

项	值	项	值	项	值	项	值
$P\left(A_2|B_7\right)$	0.96	$P\left(A_2|B_8\right)$	0.95	$P\left(A_2|X_{38}\right)$	0.90	$P\left(A_2|X_{39}\right)$	0.90
$P\left(\bar{A}_2|\bar{B}_7\right)$	0.12	$P\left(\bar{A}_2|\bar{B}_8\right)$	0.11	$P\left(\bar{A}_2|\bar{X}_{38}\right)$	0.16	$P\left(\bar{A}_2|\bar{X}_{39}\right)$	0.17

根据式（8-4）可求得连接概率分别为 $P_{B_7}=0.67$，$P_{B_8}=0.55$，$P_{X_{38}}=0.38$，$P_{X_{39}}=0.41$。同时，定义遗漏事件节点的概率 $P_L=0.01$。根据式（8-6）可求得 A_2 的条件概率分布，见表 8-9，比直接通过"与/或"逻辑门转换的 CPT 更合理。按照以上步骤可以获得所有"或"门转化而来的 CPT。

如表 8-7 所示，因为子节点 A_2 有 4 个父节点，所以我们只给出了 8 个概率值，根据 Noisy-OR gate 模型，带入式（8-4）和式（8-6）中便能够确定子节点 A_2 所有的条件概率分布。然而传统的 CPT 表需要给出 16 个概率值，因为传统方法在指定 CPT 条目时，必须在其父节点的每个可能状态上都对概率值进行条件设置，从而使所需条目的数量与父节点的数量呈指数关系。而 Noisy-OR gate 模型通过假设子节点受任何单个独立的父节点变量的影响，从而使所需要的 CPT 条目数量与父节点个数呈线性关系，减少了工作量。

表 8-9　A_2 的条件概率（ Noisy-OR gate 模型 ）

B_7	B_8	X_{38}	X_{39}	A_2	
				Occur	No
Occur	Occur	Occur	Occur	0.95	0.05
Occur	Occur	Occur	No	0.91	0.09
Occur	Occur	No	Occur	0.91	0.09
Occur	Occur	No	No	0.85	0.15
Occur	No	Occur	Occur	0.88	0.12
Occur	No	Occur	No	0.80	0.20
Occur	No	No	Occur	0.81	0.19
Occur	No	No	No	0.67	0.33
No	Occur	Occur	Occur	0.84	0.16
No	Occur	Occur	No	0.72	0.28
No	Occur	No	Occur	0.74	0.26
No	Occur	No	No	0.55	0.45
No	No	Occur	Occur	0.64	0.36
No	No	Occur	No	0.38	0.62
No	No	No	Occur	0.41	0.59
No	No	No	No	0.01	0.99

8.2.4　贝叶斯网络分析

8.2.4.1　贝叶斯网络推理

依据构建的贝叶斯网络模型,综合各根节点先验概率和其他节点的 CPT,可以通过正向推理求得储罐火灾与爆炸事故的概率值,并在表 8-10 中列出。

在贝叶斯网络内的诊断分析(反向推理)中,对决策者有重要意义的信息是更新后的概率(后验概率),反映了导致火灾与爆炸事故的最可能原因。假设火灾与爆炸事故发生,将叶节点 T 的发生概率实例化为 1,即 $P(T = \text{Occur}) = 1$,如图 8-4 所示。然后,重新计算根节点的后验概率 $P(X_i = \text{Occur}|T = \text{Occur})$,结果如图 8-5 所示。当火灾与爆炸事故发生时,根节点事件呼吸阀因故障而打开(X_{38})、消防工作(X_5)、仪表舱口常开(X_{39})、人孔周围密封不良(X_{41})、吸烟(X_4)、打火机(X_8)的后验概率较大,是最可能导致事故的诱因,见表 8-10 的第 5 列。

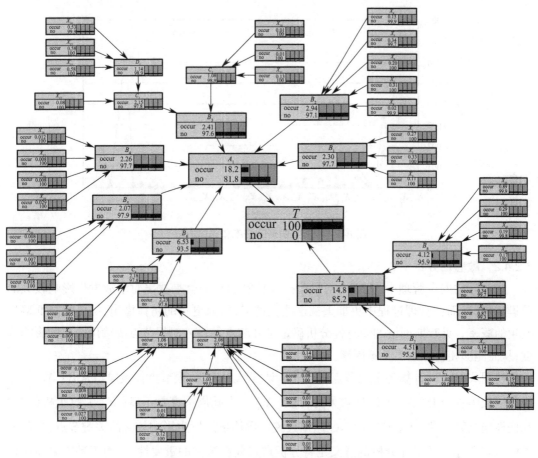

图 8-4　基于风险诊断的贝叶斯网络模型

表 8-10　比较结果分析

方法	模糊故障树	直觉模糊故障树	直觉模糊贝叶斯网络	直觉模糊贝叶斯网络（基于 Noisy-OR gate 模型）
火灾与爆炸事故发生概率	4.51×10^{-2}	3.64×10^{-2}	1.78×10^{-5}	1.15×10^{-2}
关键事件排序	X_{38}	X_{38}	X_{38}	X_{38}
	X_5	X_{41}	X_5	X_5
	X_{39}	X_4	X_{39}	X_{39}
	X_{41}	X_{43}	X_4	X_{41}
	X_4	X_5	X_{41}	X_4
	X_{43}	X_8	X_8	X_8

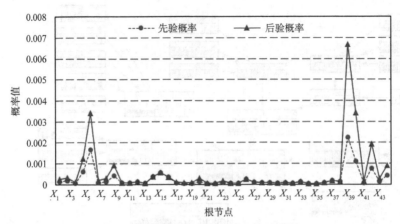

图 8-5　根节点的后验概率和先验概率

8.2.4.2　敏感性分析

在实际的安全管理中,管理者对风险持续控制的目的就是找出对事故发生影响较大的关键因素,从而在管理过程中更加重视这些关键点,采取更多的防控措施,尽可能降低事故发生的概率。贝叶斯网络的敏感性分析确定了叶节点的输入对根节点的输出造成的影响程度,从而能够相应识别出关键因素。

使用式(8-23)计算各个根节点的 RoV。计算结果表明,根节点仪表舱口常开(X_{39})、呼吸阀因故障而打开(X_{38})、罐壁被外力打破(X_{40})、人孔周围密封不良(X_{41})、打火机(X_{8})和挠性连接管破裂(X_{43})是对 LNG 储罐火灾与爆炸事故发生影响较大的关键节点,管理人员应重点考虑。敏感性分析的意义是将分析重点放在事件的重要性上,而不是简单地比较后验概率和先验概率。

8.3　结果分析与讨论

为了评估 LNG 储罐火灾与爆炸事故的风险,Wang 等引入了基于模糊集理论的模糊故障树,通过模糊数来定量处理底部事件的定性失效数据的不确定性,而 Kumar 和 Kaushik 提出了一种基于直觉模糊理论的故障树方法。为了解决事件逻辑关系的不确定性以及系统动态推理的问题,本研究提出了一种新的基于 Noisy-OR gate 的直觉模糊贝叶斯网络方法,用于评估事故发生概率,并通过贝叶斯网络的诊断推理和敏感性分析能力,分析事故最可能的诱因以及对根节点事件的重要性进行排序。将提出的方法与传统方法进行了计算,表 8-10 中显示了比较的一些重要结果。从表 8-10 可以看出,提出的方法获得的事故概率小于模糊故障树和直觉模糊故障树方法得到的概率值,而大于直觉模糊贝叶斯网络方法获得的概率值。此外,所有方法获得的根节点事件的危险程度排序顺序具有良好的一致性。

上述现象的原因主要可以归纳为以下三个方面。

第一,本研究针对 LNG 储罐火灾与爆炸事故,定义了一组新的更合适的直觉模糊数,并提出了相应的概率转换方法。在 ANSI/API STANDARD 780 的基础上,基于七等级的概率空间的划分更符合领域专家的理解。将改进方法计算得到的各根节点的 FFP 与传统的 Onisawa 方法计算的结果进行比较,如图 8-6 所示。由图 8-6 可以看出,改进方法计算的结果一般小于传统方法,而在一部分较低点位置上的值大于传统方法。这是因为改进的方法针对火灾爆炸事故概率重新划分了对应于直觉模糊数的更合理的概率空间,如图 8-7 所示。Onisawa 方法最初是针对人机系统的失效概率提出的,得到了广泛应用。但应用于其他行业或领域时,Onisawa 方法划分的概率空间与领域专家对事件风险等级以及相应发生概率的认识存在一定理解偏差,评价结果无法避免地存在客观误差。本研究改进的方法可以解决这一问题。由图 8-7、图 8-2 和表 8-1 所示,定义的直觉模糊数和相应风险等级的概率描述,与改进的转换方法划分的七等级概率空间一一对应。避免了将领域专家的经验知识转换为失效概率时存在的客观理解偏差。因此,所提出的转换方法可以提供更合理的结果。

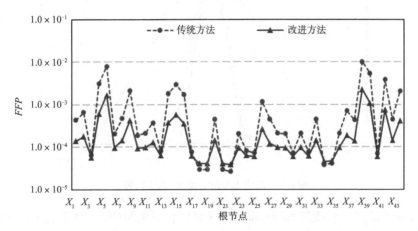

图 8-6　改进方法和传统方法的 FFP 比较

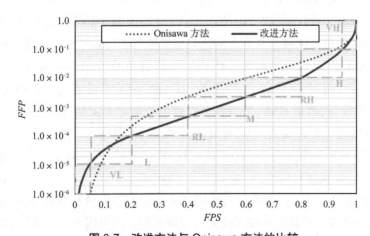

图 8-7　改进方法与 Onisawa 方法的比较

　　第二,本研究对专家意见进行模糊聚合时,采用了改进的 SAM。本研究定义的直觉模糊集既考虑了专家评判的不确定性,又考虑了专家在给出评判等级时的犹豫情况。但模糊数据在聚合过程中,存在不确定性累积的问题。考虑到这个问题,改进的 SAM 方法采用了 T_ω 算子,能够有效减小模糊效应的累积。

以事件 X_{36} 为例,分别采用传统 SAM 和改进的 SAM 聚合得到直觉模糊数,如图 8-8 所示,然后进行去模糊化,得到的 FPS 分别为 0.283 和 0.281。显然,改进的方法在保证聚合结果准确性的基础上,能够减小可靠性区间的长度。此外,改进的 SAM 方法在一致度计算过程中,考虑了专家权重的影响。

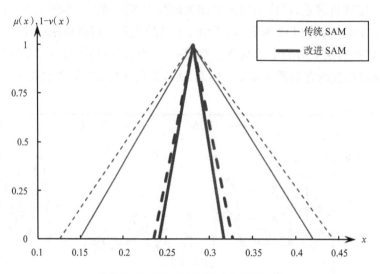

图 8-8　改进 SAM 和传统 SAM 比较

还是以事件 X_{36} 为例,改进 SAM 和传统 SAM 计算得到的一致性系数 CC 如图 8-9 所示。其中,五位专家的评价集合为(L, RL, M, VL, RL)。由图 8-9 可见,当松弛因子 β 取不同值时,两种方法的变化趋势基本一致,并且随着 β 的增大,两种方法间的差异越来越小,直到 $\beta = 1$,不考虑观点一致性程度时,两种方法的 CC 都等于专家的权重 W,而当 $\beta = 0$ 时,两种方法间的区别最明显。两种方法聚合的结果都属于"RL",对于专家 1(评价为 L)的一致性系数,改进 SAM 比 SAM 小 3.47%。对于专家 4(评价为 VL)的一致性系数,改进 SAM 比 SAM 小 4.10%。而对于专家 5(评价为 RL)的一致性系数,改进 SAM 比 SAM 大 4.24%。对比结果显示,改进 SAM 可以在一定程度上突出专家估计的偏好,减少因忽略个体差异对一致性的影响而造成的误差,提高聚合结果的可靠性。

第三,本研究考虑事件因果关系的不确定性,构建了基于 Noisy-OR gate 的贝叶斯网络模型。Noisy-OR gate 模型与传统的"与/或"门模型计算得到的比较结果如图 8-10 所示。由图 8-10 可明显看出,"与/或"门模型的后验概率大幅度高于先验概率和 Noisy-OR gate 模型的后验概率,部分节点位置甚至形成了较大数量级差距。这是因为"与/或"门模型在分析条件概率分布时是太过绝对的,没有考虑因果逻辑关系的不确定性,偏离实际故障情况,导致了较大误差。而 Noisy-OR gate 模型考虑了未知的和遗漏的风险因素影响,构建的贝叶斯网络逻辑关系更可靠,计算结果更加合理。此外,Noisy-OR gate 模型解决了条件概率数量呈指数级增长的限制。

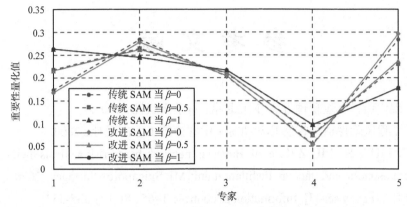

图 8-9　当 $\beta=0$、$\beta=0.5$ 和 $\beta=1$ 时,不同聚合方法的共识系数

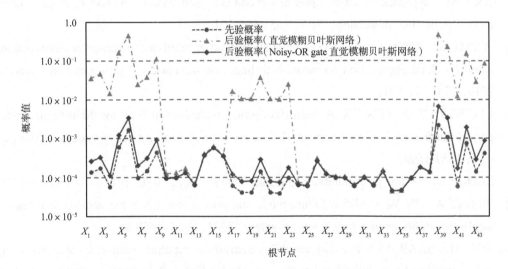

图 8-10　直觉模糊贝叶斯网络法与 Noisy-OR gate 直觉模糊贝叶斯网络法比较

总的来说,本研究所提出的基于 Noisy-OR gate 模型的直觉模糊贝叶斯网络方法可以很好地解决系统风险评估中由于定量历史故障数据缺失或不足所引起的不确定性,通过直觉模糊理论将专家对基本事件的定性语言评价转化为相对可靠的定量概率数据。利用贝叶斯网络的双向推理和敏感性分析技术产生系统的失效概率,为系统概率风险评估提供了一种有效工具。经过对 LNG 储罐火灾与爆炸事故的定量分析,识别出系统的关键事件,为分析 LNG 储罐的薄弱环节提供了参考,以降低将来火灾与爆炸事故发生的可能性。

本章部分图例

说明:为了方便读者直观地查看彩色图例,此处节选了书中的部分内容进行展示。
页面左侧的页码,为您标注了对应内容在书中出现的位置。

参 考 文 献

[1] 邱苑华. 现代项目风险管理方法 [M]. 北京: 科学出版社, 2003.

[2] 余建星. 工程风险评估与控制 [M]. 北京: 中国建筑工业出版社, 2009.

[3] CAI B P, LIU Y H, LIU Z K, et al. Bayesian network-based risk analysis methodology: a case of atmospheric and vacuum distillation unit[M]. Singapore: Springer, 2020.

[4] ZADEH L A. Fuzzy sets[J]. Information & control, 1965, 8(3): 338-353.

[5] YU J X, WU S B, CHEN H C, et al. Risk assessment of submarine pipelines using modified FMEA approach based on cloud model and extended VIKOR method[J]. Process safety and environmental protection, 2021, 155: 555-574.

[6] WANG J Q, PENG L, ZHANG H Y, et al. Method of multi-criteria group decision-making based on cloud aggregation operators with linguistic information[J]. Information sciences, 2014, 274: 177-191.

[7] LI C B, QI Z Q, FENG X. A multi-risks group evaluation method for the informatization project under linguistic environment[J]. Journal of intelligent and fuzzy systems, 2014, 26 (3): 1581-1592.

[8] ZADEH L A. A note on Z-numbers[J]. Information science, 2011, 181(14): 2923-2932.

[9] PILLAY A, JIN W. Modified failure mode and effects analysis using approximate reasoning[J]. Reliability engineering & system safety, 2003, 79(1): 69-85.

[10] KOMAL, SHARMA S P. Fuzzy reliability analysis of repairable industrial systems using-soft-computing based hybridized techniques[J]. Applied soft computing, 2014, 24: 264-276.

[11] ZHANG L M, WU X G, DING L Y, et al. Decision support analysis for safety control in complex project environments based on Bayesian networks[J]. Expert systems with applications, 2013, 40(11): 4273-4282.

[12] 官耀华, 胡显伟, 段梦兰. 定量风险评价技术在海底管道中的应用 [J]. 工业安全与环保, 2013, 3: 71-73.

[13] 方娜, 陈国明, 朱红卫, 等. 海底管道泄漏事故统计分析 [J]. 油气储运, 2014, 33(1): 99-103.

[14] 李新宏, 朱红卫, 陈国明, 等. 海底油气管道泄漏事故风险分析的贝叶斯动态模型 [J]. 中国安全科学学报, 2015, 4: 75-80.

[15] WANG L E, LIU H C, QUAN M Y. Evaluating the risk of failure modes with a hybrid MCDM model under interval-valued intuitionistic fuzzy environment[J]. Computers & in-

dustrial engineering, 2016, 102: 175-185.

[16] HAFEZALKOTOB A. A novel approach for combination of individual and group decisions based on fuzzy best-worst method[J]. Applied soft computing, 2017, 59(10): 316-325.

[17] LIANG F, BRUNRLLI M, REZAEI J. Consistency issues in the best worst method: measurements and thresholds[J]. Omega, 2020, 96(10): 1-11.

[18] KIM K O, ZUO M J. General model for the risk priority number in failure mode and effects analysis[J]. Reliability engineering & system safety, 2017, 169(1): 321-329.

[19] 帕特里克·洛克伦. 坠落的玻璃 [M]. 北京: 中国建筑工业出版社, 2008.

[20] PAMUAR D, MIHAJLOVIC M, OBRADOVIC R, et al. Novel approach to group multi-criteria decision making based on interval rough numbers: hybrid DEMATEL-ANP-MAIRCA model[J]. Expert systems with applications, 2017, 88(dec.): 58-80.

[21] YAZDI M, KABIR S. A fuzzy Bayesian network approach for risk analysis in process industries[J]. Process safety and environmental protection, 2017, 111: 507-519.

[22] ONISKO A, DRUZDZEL M J, WASYLUK H. Learning bayesian network parameters from small data sets: application of Noisy-OR gates[J]. International journal of approximate reasoning, 2001, 27(2): 165-182.

[23] 余建星, 范海昭, 陈海成, 等. 海洋立管失效风险因素分析方法及应用 [J]. 中国安全科学学报, 2021, 31(11): 47-53.

[24] ZHANG J L, KANG J C, SUN L P, et al. Risk assessment of floating offshore wind turbines based on fuzzy fault tree analysis[J]. Ocean engineering, 2021, 239: 109859.

[25] KUZU A C, SENOL Y E. Fault tree analysis of cargo leakage from manifold connection in fuzzy environment: a novel case of anhydrous ammonia[J]. Ocean engineering, 2021, 238: 109720.

[26] YU J X, CHEN H C, YU Y, et al. A weakest t-norm based fuzzy fault tree approach for leakage risk assessment of submarine pipeline[J]. Journal of loss prevention in the process industries, 2019, 62: 103968.

[27] 韩放, 余建星, 陈海成, 等. FPSO 模块吊装风险分析方法及应用研究 [J]. 中国安全科学学报, 2019, 29(12): 123-128.

[28] 何睿, 陈国明, 李新宏, 等. 不完全信息条件下的 FPSO 油气泄漏风险分析 [J]. 中国安全科学学报, 2018, 28(7): 64-69.

[29] 余建星, 李妍, 马维林, 等. FLNG 装卸载系统流动特性仿真研究 [J]. 天津大学学报(自然科学与工程技术版), 2014, 47(2): 124-130.

[30] 刘少卿, 余建星, 陈海成, 等. FPSO 火灾爆炸风险评估方法 [J]. 船舶工程, 2021, 43(6): 135-142.

[31] GUO X X, JI J, KHAN F, et al. Fuzzy bayesian network based on an improved similarity aggregation method for risk assessment of storage tank accident[J]. Process safety and envi-

ronmental protection, 2020, 144: 242-252.

[32] ONISAWA T. An approach to human reliability in man-machine systems using error possibility[J]. Fuzzy sets system, 1988, 27: 87-103.

[33] YU J X, WU S B, YU Y, et al. Process system failure evaluation method based on a Noisy-OR gate intuitionistic fuzzy Bayesian network in an uncertain environment[J]. Process safety and environmental protection, 2021, 150: 281-297.

[34] 胡瑾秋, 董绍华, 王融涵, 等. 基于 STAMP—STPA 的 LNG 储备库典型事故正演模型构建 [J]. 石油科学通报, 2021, 6(3): 481-493.

[35] YU Y, WU S B, YU J X, et al. An integrated MCDM framework based on interval 2-tuple linguistic: a case of offshore wind farm site selection in China[J]. Process safety and environmental protection, 2022, 164: 613-628.

[36] CAI B P, SUN X T, WANG J X, et al. Fault detection and diagnostic method of diesel engine by combining rule-based algorithm and BNs/BPNNs[J]. Journal of manufacturing systems, 2020, 57(7): 148-157.

[37] CAI B P, KONG X D, LIU Y H, et al. Application of Bayesian networks in reliability evaluation[J]. IEEE transactions on industrial informatics, 2019, 15(4):2146-2157.

[38] KHAN B, KHAN F, VEITCH B. A dynamic Bayesian network model for ship-ice collision risk in the Arctic waters[J]. Safety science, 2020, 130:104858.

[39] YU Y, WU S B, YU J X, et al. A hybrid multi-criteria decision-making framework for offshore wind turbine selection: a case study in China[J]. Applied energy, 2022, 328:120173.

[40] WANG D Q, ZHANG P, CHEN L Q. Fuzzy fault tree analysis for fire and explosion of crude oil tanks[J]. Journal of loss prevention in the process industries, 2013, 26(6): 1390-1398.

[41] KUMAR M, KAUSHIK M. System failure probability evaluation using fault tree analysis and expert opinions in intuitionistic fuzzy environment[J]. Journal of loss prevention in the process industries, 2020, 67:104236.

[42] ZHANG L B, WU S N, ZHENG W P, et al. A dynamic and quantitative risk assessment method with uncertainties for offshore managed pressure drilling phases[J]. Safety science, 2018, 104:39-54.